MANUEL

POUR LA CULTURE EN PLEINE TERRE

DES

IPOMÉES-BATATES.

IMPRIMERIE DE H. FOURNIER ET Ce,
RUE DE SEINE, N. 14 BIS.

MANUEL

POUR LA CULTURE EN PLEINE TERRE

DES

IPOMÉES-BATATES

SUR GRANDE, MOYENNE OU PETITE EXTENSION
DANS LES CONTRÉES D'EUROPE

SUIVANT DE NOMBREUX ESSAIS FAITS SANS INTERRUPTION
DE 1815 A 1837

EN ITALIE ET EN FRANCE SUCCESSIVEMENT
ET SOUS TOUTES LES LATITUDES
DU 43e AU 49e DEGRÉ INCLUSIVEMENT

ORNÉ DE PLUSIEURS PLANCHES DE DESSINS
Soit des produits de ces plantes, soit de divers instruments et objets nécessaires pour cette culture

PAR

J.-F. VALLET DE VILLENEUVE

MEMBRE DE L'INSTITUT DU ROYAUME DE NAPLES
ET DE PLUSIEURS SOCIÉTÉS D'AGRICULTURE DE FRANCE.

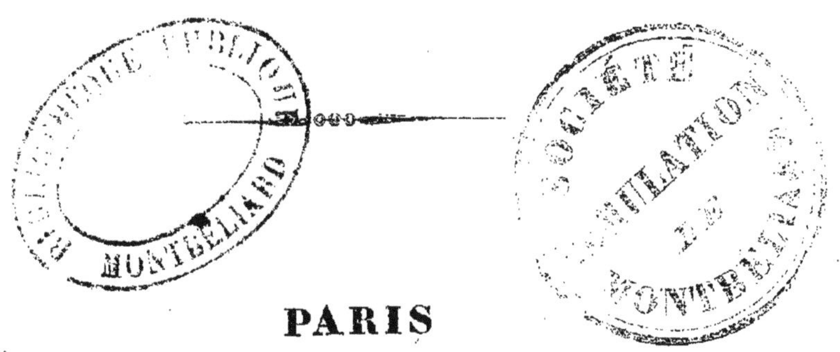

PARIS

LIBRAIRIE DE MADAME HUZARD

RUE DE L'ÉPERON, N. 7

DÉCEMBRE 1837

ERRATA (1).

Page	9	ligne	4, au lieu de : *les* 49e *degrés*, lisez : *le* 49e *degré*.
—	18	—	11, (Pl. A, fig. 1, 2 et 3) ajoutez : *et Pl. B, fig.* 18, 19, 20.
—	19	—	5, *fig.* 8, ajoutez : *et Pl. B, fig.* 21.
—	28	—	22, *soustraire;* lisez : *soustraient.*
—	31	—	20, *au* plus tôt; lisez : *ou* plus tôt.
—	33	—	4, *plantes;* lisez : *plants.*
—	50	—	26, Ajoutez à la fin de la note : (Pl. C, fig. 39).
—	59	—	13, *largeur sous;* lisez : *largeur pour.*
—	73	—	12, Fig. B; lisez : Fig. A.
—	77	—	3, Fig. 32; lisez : 32 *bis.*
—	89	—	7, l'état de *cette* plante; lisez : *de plante.*
—	114	—	16, (Pl. C, fig. 39.); lisez : fig. 47.
—	116	—	30, (Pl. A); lisez : (Pl. C).
—	137	—	12, *partiques;* lisez : *pratiques.*

(1) Quelques omissions et inexactitudes s'étant glissées dans les renvois aux planches, nous invitons le lecteur à recourir aux rectifications indispensables de l'*Errata*.

AVERTISSEMENT.

§ 1er. — Depuis plus de vingt ans je n'ai cessé de cultiver l'ipomée-batate : dès 1814, j'entrepris, dans le nord de l'Italie, l'étude de ce précieux végétal qui, sur tous les points de cette péninsule, prospère presque aussi bien que dans ses parties les plus méridionales, et y donne facilement ses riches et abondants produits. Cependant, hors de ces dernières contrées, on est obligé d'employer quelques moyens artificiels pour hâter et assurer le succès de la culture préparatoire, ainsi qu'on le pratique aux États-Unis de l'Amérique (1) et qu'il est indispensable de le faire dans les départements méridionaux de France.

(1) En Caroline, aux environs de Charlestown, la batate est cultivée sur de grandes extensions, quoique l'olivier, qu'on a essayé d'y cultiver, y gèle presque chaque année au printemps. Ce seul fait doit suffire pour prouver que, si l'été est plus chaud dans ces contrées, le printemps y est certes plus irrégulier, et ordinairement plus froid que dans le midi de la France. — Un propriétaire, habile cultivateur de Pensylvanie, a remarqué dans

2. — Ce qu'on pratique assez facilement dans ces contrées lointaines, dont les climats et les productions ont tant d'analogie avec ceux de l'Espagne, de l'Italie et de plusieurs des départements du midi de la France, on peut le faire sans moins de facilité et avec plus d'avantage dans ces derniers pays, au moyen de quelques légères modifications que la nature particulière du climat et des saisons réclame.

3. — Les batates, bien cultivées, sont très productives.

4. — Le nombre des végétaux alimentaires soumis à nos cultures, et qui permettent de les comparer, sous le rapport de la fécondité, à la batate, est trop borné pour que, même à ce seul titre, celui-ci n'appelât pas toute notre attention et tous nos soins; d'autant mieux qu'il n'est aucune autre plante qui y réponde aussi généreusement.

5. — On doit donc moins viser à donner d'abord une grande extention à sa culture, qu'à bien choisir et préparer les terres où elle réussit le mieux, et, selon les besoins particuliers de chacune des espèces que nous possédons et dont le nombre offre déjà assez de variétés, pour s'attacher préférablement à celles d'entre elles qui s'accommodent mieux aux sortes de terres dont on peut disposer dans chaque localité,

es États-Unis, que la température et la végétation, sous le 40e degré de latitude étaient les mêmes que sous les 48e en Europe. (Voyez la *Description des États-Unis* par Wardin, tom. V, pag. 529).

quoique la plupart de ces plantes viennent généralement mieux dans les terres friables, siliceuses ou granitiques, schisteuses ou gréeuses, dont le sous-sol conserve toujours de la fraîcheur.

6 — On ne peut que s'étonner des produits prodigieux de ces plantes dans les natures de terres qui leur sont le plus favorables, et dont la préparation a été bien entendue.

7. — On ne peut aussi qu'admirer la propriété qu'ont plusieurs espèces de batates, dans nos contrées les plus méridionales, de réussir à souhait dans certaines compositions de terres à peu près infertiles pour le plus grand nombre des plantes usuelles de nos grandes cultures.

8. — Ce fait très intéressant, je l'ai rendu incontestable par plusieurs expériences qu'il est facile de renouveler. Je crois pouvoir me borner à en rapporter une seule qui me paraît suffisante pour prouver mon assertion, et qui est à la portée de quiconque désirerait la refaire. (Voyez l'art. 3, § 4.)

9. — Il n'est aucun autre végétal moins épuisant (1).

10. — Il n'en est point d'autre qui donne un produit à la fois aussi nourrissant et d'un goût aussi agréable, par les seuls éléments dont il se compose.

(1) J'ai vu, à Toulon, un terrain de qualité médiocre, cultivé sans interruption, depuis vingt ans, en plusieurs espèces de batates, par un officier de santé retraité, qui m'a protesté ne lui avoir jamais donné aucune fumure, sans néanmoins avoir cessé d'en obtenir d'abondants produits.

11. — En effet, la batate contient, en de très grandes proportions, la fécule *la meilleure de toutes;* du sucre en nature (1), généralement plus abondant dans les espèces les moins féculentes, lequel est facilement cristallisable, substances des plus nutritives et des plus saines, et aussi un arôme propre, que la cuisson développe, et qui seul devient le condiment naturel de ces tubercules. Cette nourriture, pour peu qu'on y soit habitué, ne peut plus être remplacée par aucune autre, ainsi que l'affirment les colons qui longtemps en ont fait usage.

12. — Les goûts les plus délicats estiment que les batates ne peuvent que perdre de leur qualité par un assaisonnement quelconque.

13. — Elles ne sont pas seulement un aliment sain et très nourrissant, dont on peut faire usage sous diverses formes; mais par la fermentation on en obtient une boisson fortifiante des plus agréables, qui, de toutes les boissons fermetées, est celle dont les qualités sont le plus identiques avec nos vins légers les plus recherchés pour l'usage journalier. Ainsi, elles satisfont complètement aux besoins alimentaires de la vie, aussi bien pour l'homme malade que pour l'homme en santé; pour l'enfant débile et le vieillard épuisé que pour l'adulte robuste : cette nourriture étant d'une digestion facile et prompte.

(1) C'est d'après des essais faits par M. Payen, à Paris, que je donne ces détails qu'il confirmerait au besoin; et certes, on peut s'en rapporter à cet habile chimiste.

14. — On pourrait dire sans hyperboles, que l'ipomée-batate est, à tous ces titres, une plante providentielle.

15. — On ne saurait donc penser sans étonnement qu'un végétal si utile et dont la culture ne présente que si peu de difficulté, n'ait pas été, jusqu'à présent, mieux apprécié dans toutes les parties de l'Europe qui lui sont assez favorables.

16. — En doit-on attribuer la cause au besoin qu'on éprouve, hors des régions tropicales, d'en multiplier le plant par une culture préparatoire et artificielle, que par des essais trop imparfaits on n'avait su parvenir à bien régler en la rendant facile et sûre? Mais ce sont ces règles que je me suis surtout attaché à bien définir, et à tracer avec toute la précision possible. C'est en les suivant exactement que la grande culture, ou de pleine terre, devient facile et que sa réussite est certaine.

17. — Plusieurs écrits ont accrédité une fausse idée, qu'il importe de réfuter : ceux qui n'ont pas su ou pu faire réussir cette culture, ont attribué ce non-succès à ce que cette plante n'était pas encore naturalisée sous notre ciel, mais ils pensent qu'elle s'acclimaterait ; ce qui n'est qu'une erreur, propre seulement à produire le découragement, ou à détruire l'espérance de mieux faire. Jusqu'à présent la batate n'a été reproduite, en Europe, que par tubercule, c'est-à-dire, que par continuation de végétation d'une

plante qui ne peut ainsi changer de nature; l'*acclimatation* ne pouvant avoir lieu que dans la reproduction par semence, parce que la graine seule ou plutôt son germe est suceptible de modifications essentielles (1). Ce germe contient déjà les rudiments de la nouvelle plante à en provenir, et c'est par les influences diverses de l'atmosphère et de la terre où cette graine a été produite, qu'elle est modifiée dans sa nature et ses propriétés, et qu'elle se trouve prédisposée à s'accommoder mieux des éléments différents auxquels elle doit être soumise pour sa végétation et le développement de la plante qu'elle contient, ou à donner un produit différent de celui de la plante dont elle est provenue.

18. — Chose bizarre autant que mal entendue! c'est, je le crois aussi, à la dénomination vulgaire de *patate*, sous laquelle la pomme de terre est désignée dans beaucoup de pays d'Europe, que l'on devrait rapporter, au moins en partie, les fausses idées qui long-temps ont présidé à la recherche de la méthode la plus appropriée, dans notre climat, à la culture et à la reproduction des batates (2). La similitude

(1) Il est bien entendu qu'il ne s'agit pas de graines reproduites dans un pays plus méridional que celui où elles doivent être plantées, mais dans ce dernier, ou mieux dans tout autre pays encore moins méridional que celui où la plante devrait être cultivée.

(2) « On aurait bien le moyen des marcottes et des boutures, mais elles ne donnent que des racines simples et petites, et ce sont justement ces racines qui se mangent, qu'on a intérêt de voir grossir et multiplier. »

des noms a fait supposer qu'elle existait aussi dans la nature de ces deux végétaux si différents; et par cela aussi que l'un et l'autre produisent des tubercules, on s'est efforcé d'établir entre eux une analogie et des ressemblances purement imaginaires. C'est pourtant d'après d'aussi fausses données, qu'on a très longtemps persisté à repousser, comme procédé moins facile, le mode de plantation par bouture ou par drageon, pour suivre de préférence celui qu'on pratique généralement pour la reproduction de la solanée tubéreuse ou pomme de terre; ensuite, et depuis peu d'années, par plantules élevées en pots, dès l'automne, sur couche, et transférées, au printemps suivant, avec leur motte, en pleine terre, par dépotement; procédé aussi dispendieux qu'imparfait, qui ne saurait être approprié à la grande culture, mais qui, jusqu'à présent, était le *nec plus ultra* des moyens de reproduction.

19. — La première de ces deux méthodes n'est utilement praticable que dans les parties d'Europe les plus méridionales, mais sans pouvoir jamais devenir l'objet d'une culture un peu étendue et assez productive; et la seconde nécessité, dans les contrées plus septentrionales, des dépenses excessives, même pour la culture la plus restreinte : l'une et l'autre enfin,

(Essai par M. Gabriel, jardinier du jardin impérial de Saint-Cloud. Voyez *le Bon Jardinier*, almanach de 1800, pag. 423). D'autres citations seraient à faire, mais celle-ci doit suffire.

sont d'un produit nul, comparativement à celui qui résulte d'un procédé mieux entendu.

20.—On est d'accord, sous les tropiques mêmes, que la culture en pleine terre, par tubercules, est impraticable en grand; aussi y est-elle très restreinte, et seulement pratiquée dans le but essentiel d'en obtenir abondamment le plant nécessaire pour les grandes plantations.

21.—Pour nous, ce procédé ne serait pas utilement praticable en pleine terre; non qu'il ne nous fût possible d'en obtenir du plant, mais parce qu'il serait beaucoup trop tardif. La trop brève durée de l'été, dans notre climat moins chaud, ne laisserait plus à ces plants, trop tardivement transférés ou plantés, la possibilité de fructifier; et c'est pour suppléer à ce défaut, que nous devons recourir à l'usage de la bache à vitraux, ou tout au moins à châssis, qui prévient la perte de temps, et rend possible l'éducation du plant, par anticipation, ce qui permet de le passer en pleine terre dès les premiers jours où elle est en état de le recevoir. Cette culture préparatoire n'entraîne ni de grands frais, ni des soins difficiles, ainsi que j'ai tâché de le faire comprendre. Cette manière d'opérer ne saurait paraître étrange, puisque ce n'est qu'à l'aide de moyens analogues que, même dans nos contrées méridionales, on parvient à obtenir, en temps assez utile, beaucoup d'autres produits alimentaires de nos jardins potagers.

22. — Cette culture artificielle et préparatoire, a lieu de février-mars jusqu'en avril, en-deçà du 45e degré, et jusqu'en mai-juin, sous les latitudes plus reculées. Il n'arrive point même sous les 49e degrés, à Paris, par exemple, qu'on ne puisse utilement confier le plant à la pleine terre, pendant les derniers jours de mai ou les premiers de juin; et là, comme dans les contrées plus chaudes, la grande culture n'est pas plus exigeante que celle de nos plantes les plus usuelles.

23. — Ainsi, le surcroît de soins que les batates exigent, se borne donc à peu près à ce qui concerne la culture préparatoire, laquelle commence un peu plus tôt ou un peu plus tard, selon la latitude où elle a lieu, mais dont la durée est partout limitée à deux mois.

24. — L'abondance de tiges et de feuilles produites par la plupart des espèces stolonifères est, comme fourrage vert, une ressource importante pour tous les herbivores (1).

25. — Les pointes des stolones, les feuilles nouvelles, préférablement celles de la grosse-blanche et de la grosse-rose de Cadix, mélangées par égales parties, assaisonnées avec le jus des viandes ou autrement, forment un mets agréable, sain et d'un

(1) Aux grandes Indes, les plus dures s'emploient cuites à la nourriture des bêtes porcines, des lapins, des zibetti; et les plus tendres, à celle des divers oiseaux de basse-cour, dont les espèces sont très nombreuses.

goût parfumé. Cet herbage, qui abonde lorsque ceux de nos jardins sont les plus rares, les supplée bien, mais ne leur ressemble guère que par la couleur.

26. — L'Espagne, l'entière Italie, la Sicile, la Sardaigne, la Corse, les départements du midi de la France et ceux du sud-ouest, sont autant de grandes contrées où toutes les ipomées-batates peuvent prospérer sans des soins trop extraordinaires.

27. — Néanmoins, que ceux qui ne connaissent point encore ces plantes se mettent en garde contre les idées qui tendent à assimiler leur culture avec aucune autre (1).

(1) La solanée tubéreuse est originaire d'Amérique : elle vient spontanément dans les régions élevées, où l'air vif et une température variable la font prospérer (*a*); et l'ipomée-batate est reputée originaire des Indes orientales où, au contraire, elle ne végète parfaitement que dans les plaines et sur les collines qui en sont rapprochées, et qui sont soumises à l'influence d'une température élevée, soutenue, et d'une atmosphère humide. L'organisation de chacune de ces deux plantes et leurs besoins respectifs étant très différents, il est facile de se persuader que chacune d'elles réclame un mode de culture bien différent aussi, qui réponde à leur propre nature. Aussi voit-on que là où la chaleur excessive, suivie de la sécheresse du sol, rend improductive la pomme de terre, la batate est appelée à la remplacer par ses produits meilleurs, plus abondants, qui font très avantageusement oublier ceux de l'autre plante.

Si la culture des batates eût été tant soit peu répandue en Corse, on n'y aurait pas éprouvé au même point la disette qui, en 1814, est résultée

(*a*) MM. Scheide et Deppe, dans leur ascension au grand volcan d'Orizaba, ont vu croître la pomme de terre, à l'état sauvage, à 10,000 pieds au-dessus de la mer. Les tiges avaient trois pouces de hauteur, portaient de grandes fleurs bleues, et les tubercules étaient de la grosseur d'une noisette. — Il est certain, d'ailleurs, qu'elle est cultivée avec succès sur le plateau de Quito, élevé de 8,700 pieds.

28. — Après avoir soumis à la grande culture, sous le 45e degré, la majeure partie des plantes les plus utiles des régions intertropicales, qui, en Europe, sont généralement confinées dans les serres des jardins botaniques, je puis dire qu'il n'en est point qui se prête aussi bien que la batate à une culture de grande extension; qui donne des produits aussi bons, aussi abondants, et qui, par les sortes de soins qui lui sont donnés et les observations diverses que cette culture, ainsi traitée, donne lieu de faire, soit aussi propre à suggérer des moyens de perfectionnement et d'amélioration applicables à plusieurs de nos cultures communes.

29. — Quant aux frais particuliers que nécessite cette culture, ils se rapportent, pour la plupart, à cette partie que je nomme préparatoire, mais se réduisent à bien peu, s'ils s'appliquent à un nombre de plantes tant soit peu considérable.

30. — Ainsi, la plantation d'été ou de pleine terre, étendue seulement à un hectare pouvant contenir de 10,000 à 20,000 plants, selon les espèces, ces frais, répartis entre ce nombre de plants, n'arrivent pas au-delà d'un centime pour chacun, soit que les

des saisons extraordinairement arides et brûlantes de cette année. — Ce que je dis de cette contrée est souvent applicable à beaucoup d'autres du midi. — La batate ayant un goût composé qui rappelle celui des marrons glacés, est, par cela, plus propre qu'aucune autre nourriture, à suppléer les châtaignes dans les parties méridionales, où ce fruit entre pour beaucoup dans les aliments du plus grand nombre des habitants.

espèces cultivées appartiennent à la première ou à la deuxième classe.

31. — La bache dont je donne les dimensions peut servir à la reproduction du plant nécessaire à couvrir au moins deux hectares de superficie et n'exige pas au-delà de 45 à 50 francs de dépense annuelle, dans laquelle je comprends la valeur ou *l'usé* du long fumier de litière, du terreau, et les journées de travail.

32. — Et qu'à partir du jour de la plantation en pleine terre, on veuille compter aussi les frais spéciaux ou extraordinaires que la grande culture entraîne, comparativement à toute autre culture plantée, on se convaincra qu'ils ne sauraient s'étendre non plus au-delà d'un centime pour chaque plante.

33. — La réunion de ces frais extraordinaires ou spéciaux, s'élève donc au plus à 50 francs par hectare.

34. — Mais, si d'autre part on considère les produits d'un hectare de cette culture, on se convaincra plus aisément qu'on ne peut faire d'avances à plus grand intérêt, ni aussi profitablement.

35. — En effet, ces 10,000 ou 20,000 plantes, passablement cultivées, dans une terre de médiocre qualité, ne sauraient produire moins de 600 quintaux, soit 60,000 livres marc de tubercules. En ne les estimant qu'à 10 centimes l'une, elles donnent.

suivant cette évaluation, la plus réduite possible, la somme de 6,000 francs (1).

36. — En répartissant ces 50 francs sur le produit de ces plantes, soit 60,000 livres de tubercules, cette dépense n'arriverait qu'à 10 centimes par quintal, sans faire entrer en déduction la valeur des fanes, comme fourrage vert, et surtout sans compter que ces produits peuvent très facilement s'élever au double dans une terre de choix, sans autre augmentation de dépense que celle résultant de la plus haute évaluation du capital que cette terre représente.

37. — Je pense que cet aperçu paraîtra suffisant.

38. — Cependant, les personnes qui désireraient plus de détails sur les essais que j'ai faits en France, et sur les résultats obtenus, pourraient recourir au cahier de décembre 1829, des *Annales scientifiques*, page 318.

39. — C'est à l'occasion de ces mêmes essais et de leurs résultats sûrement constatés, que la Société d'encouragement de Paris, à l'examen de laquelle j'avais soumis une partie de ces produits, voulut bien, en témoignage de l'appréciation que je l'avais mise à portée d'en faire, et surtout des moyens nouveaux que j'avais mis en pratique et auxquels le succès devait nécessairement être attribué, me décerner une médaille d'or de première classe.

(1) Ce produit transporté dans les villes, y serait très facilement vendu à un prix au moins double. — Les envois que j'ai faits à Paris ne m'ont jamais rapporté moins d'un franc par livre.

40. — A cette même occasion, une autre médaille me fut aussi votée par la Société d'horticulture de Paris, d'après le simple énoncé verbal de ces mêmes nouveaux moyens employés, et d'après l'explication sommaire des principes qui m'avaient guidé dans leur application.

41. — Je ne fais mention de ces faits que dans le but d'appeler l'attention sur l'importance de la culture, trop peu connue jusqu'à présent, de ces plantes nourricières, non moins précieuses par les excellentes qualités de leurs produits que par leur fécondité extraordinaire.

42. — Je ne me dissimule pas que les détails que présente ce manuel de culture, rapidement tracé par défaut de loisir, ne puissent paraître insuffisants à des cultivateurs trop peu au fait de nos autres cultures les plus exigeantes, qui entreprendraient tout d'abord, et sur une grande échelle, la culture des batates dans les départements du centre de la France, au-delà du 45e degré. Mais, en même temps, je crois pouvoir affirmer qu'ils présentent toutes les données nécessaires pour bien guider partout les cultivateurs instruits et versés dans la pratique des cultures perfectionnées, s'il s'agit de contrées plus méridionales en vue desquelles ce manuel m'a été demandé.

43. — Plus tard et lorsque j'aurai terminé de nouveaux essais de plusieurs nouvelles espèces de batates

que, depuis peu, je me suis procurées, j'espère pouvoir publier un ouvrage complet sur cette intéressante culture, qui ne laisserait rien à désirer aux cultivateurs de tout ordre, des latitudes plus reculées, où elle est encore utilement praticable en pleine terre, sur d'assez grandes extensions, à ces expositions les plus heureuses que beaucoup de localités présentent.

44. — Je regrette d'avoir dû renoncer à faire connaître ici diverses particularités, plusieurs observations et quelques faits curieux, intéressants ou bizarres, mais qui, n'étant pas d'une utilité essentielle ou assez importante dans l'usage dont cet opuscule est l'objet, l'auraient trop compliqué, lorsque, au contraire, je m'étais promis de le rendre simple et précis.

MANUEL

POUR LA CULTURE EN PLEINE TERRE

DES

IPOMÉES-BATATES.

ARTICLE PREMIER.

Description de l'espèce d'ipomée-batate dénommée grosse-blanche, une de celles qui forment le sujet de cet ouvrage, avec des annotations météorologiques, tenues durant la fleuraison.

> Convolvulus batatas foliis cordatis hastatis quinquenervii caule repente hispido tuberifero. (LINNÆUS.)
>
> Ipomea-batatas quinquenervibus glabriusculis pedunculis longis floribus fasciculatis, calicis glabri laciniis lanceolatis acuminatis, corola campanulata. (ROEMER ET SCHULTÈS.)
>
> Ipomea-batatas. (POIRET ET J.-L. M.)
>
> Quamoctita. (LAMARCK.)

---

§ 1er. — La plante nommée patate ou mieux batate (1), qu'on dit être originaire d'Asie (2), est vivace (3). Elle

(1) La lettre *P* ne fait pas partie de l'alphabet indien.

(2) Des voyageurs intelligents, instruits et dignes de foi, ont observé que les batates ne sont pas seulement cultivées sur les côtes d'Afrique, mais aussi dans l'intérieur des terres en très grande quantité, et de temps immémorial, par des tribus qui n'entretiennent aucune relation avec les habitants du littoral ; ce qui ne permet pas à ces voyageurs de douter que les espèces cultivées par ces peuplades ne soient originaires de ce continent.

(3) C'est à cette espèce que je crois devoir rapporter la description de

pousse, selon ses variétés, de plus ou moins longues tiges articulées, traînantes, non volubiles (1), prenant racines aux nœuds d'opposition des feuilles, lorsqu'ils touchent à terre ou qu'ils en sont très rapprochés. La grosse-blanche est d'abord chargée de feuilles cordiformes, auxquelles succèdent des feuilles hastées en cœur; les premières ressemblent assez à celles d'une jeune plante de *convolvulum-polygonum*, et les deuxièmes à celle du lierre. Plus tard, celles des stolones sont dissemblables entre elles; les primordiales ou caulinaires sont entières et très volumineuses (pl. A, fig. 1, 2 et 3); celles qui suivent, peu découpées; les autres, enfin, plus nombreuses ou plus rapprochées, sont profondément incisées, et présentent

Rœmer et Schultès, attendu qu'elle est la seule que je connaisse jusqu'à présent, à feuilles astrées dont il nous ait été possible d'observer les fleurs, et qui m'ait paru apte à fleurir. — Il me semble évident qu'aucun de ces auteurs n'a fait sa description d'après nature, mais, peut-être, sur des dessins non coloriés; autrement ces descriptions auraient été plus étendues, et ils n'en auraient pas parlé comme d'une plante unique; au lieu que par le mode suivi par chacun d'eux, ils donnent lieu de croire que ce végetal est seul de son espèce, ou que la plante décrite est le type de l'espèce, dont personne en Europe n'a certainement aucune idée assez précise, et dont vraisemblablement, on est également incertain aux Indes, où le grand nombre d'espèces ou de variétés qu'on y possède a dû produire beaucoup de confusion dans les idées qu'on a pu chercher à se former sur ce sujet. Ce qui est indubitable, c'est que les variétés ou espèces que je fais connaître sont si distinctes dans toutes leurs parties, qu'il est impossible de les confondre jamais, et que chacune devait être décrite particulièrement, pour la faire assez bien connaître.

(1) Sinon par suite de l'étiolement des tiges qui, réduites à la grosseur d'un gros fil à coudre, deviennent aptes à se ramer en spirale, comme celles des haricots.

mieux les caractères communs. Les tiges ou traînants, les pétioles, les pédoncules tuberculaires, les racines et les tubercules, avant maturité, sont lactescens. Les fleurs bissexuelles, portées sur un long pédoncule (1) (pl. A, fig. 8), sont axillaires et réunies en bouquets (2) (pl. A, fig. 9) composés de dix à vingt boutons, présentant la forme d'une griffe de renoncule renversée (pl. A, fig. 10); on en voit aussi de tous nombres inférieurs, même de solitaires. D'ordinaire, deux boutous d'un même bouquet n'éclosent pas le même jour, mais successivement, après vingt-quatre heures d'intervalle, selon la température, et, si la végétation est assez active, quelquefois deux boutons fleurissent ensemble, mais beaucoup plus rarement trois. Cette fleur est éphémère; soit qu'elle éclose avant ou pendant le jour, elle ne dure qu'un soleil (pl. A, fig. 11, et pl. C, fig. 48); elle est campanulée et a les dimensions de notre grand liseron des haies, *Calystegia convolvulus sepium*, Brown. La corolle n'est pas arrondie à son bord, à cause des dix angles, cinq saillants et cinq rentrants, provenant des plis sur lesquels elle était roulée dans son calice. Ces plis très prononcés, et diversement coloriés pendant la floraison, ne contribuent pas peu, par leur parfaite régularité, à l'élégance et aux charmes de cette belle fleur. L'extrémité de son limbe est blanche ou très légèrement lavée de rose violacé. Cette fleur, vue en opposition à un beau soleil, est resplendissante d'un rouge

(1) Il acquiert jusqu'à 0,12 centimètres de longueur, 0,015 millimètres de circonférence.

(2) Forment un fascicule ou ombelle, ordinairement simple, et quelquefois composé.

tendre, mais éblouissant. De son centre intérieurement, et jusqu'au fond, elle est colorée d'une vive teinte purpurine, très éclatante ; sa base, extérieurement, est colorée d'un rouge plus tempéré, qui résulte de la seule transparence des couleurs internes, mais dont cette corolle délicate est assez richement parée pour figurer avantageusement parmi les fleurs les plus distinguées de nos jardins. Du fond de cette corolle s'élèvent cinq étamines d'un blanc pur, comme leurs anthères, d'inégales longueurs, adhérentes ensemble et au pistil qui les surmonte, dont l'extrémité est bifide; c'est-à-dire terminée par deux pointes visibles à la loupe, après la chute du stigmate, qui représente un bouton d'albâtre (pl. A, fig. 12). Le calice est composé de cinq petites feuilles lancéolées et glabres. La nature partage ses faveurs: le mérite n'est pas toujours doué de tous les attraits : cette charmante fleur est inodore. C'est à regret que je ne puis décrire sa capsule, n'ayant pu voir l'ovule persister et se développer : je suppose qu'elle doit être à trois loges; ce qui serait inexact, selon le rapport que m'en a fait un voyageur qui a séjourné dans l'archipel des Indes orientales.

2. — Ce végétal donne pour produit essentiel des tubercules, dont le nom est celui même de la plante : *batates*; lesquels se forment par le renflement de quelques-unes de ces racines, dont les formes et le volume sont aussi variés que les feuilles le sont entre elles. Il n'est pas rare qu'une plante bien cultivée en produise jusqu'à vingt, dont le plus volumineux que j'aie obtenu a surpassé le poids de quatre kilogrammes. Ils sont fusiformes ou mammiformes (pl. A, fig. 5). Le plus gros de cette plante, des-

siné moins grand que nature (pl. A, fig. 6), pesait huit livres et demie, marc. Les stolones principaux, fixés à des rames, se sont élevés à cinq mètres. Cette plante, dont la végétation en pleine terre était de cinq mois environ, n'a donné aucun signe de floraison.

Nota. Une note exacte des variations journalières de l'atmosphère pendant les derniers jours qui ont précédé, et les premiers qui ont accompagné la fleuraison d'une fort belle plante, en 1824, sous le 45e degré, donnera à juger plus sûrement des facultés ou des obstacles que présentent les climats et les situations par rapport à ce qu'exige une belle fleuraison (1).

Note des variations atmosphériques, tenues pendant la fleuraison.

Du 29 août au 6 septembre, jour où les plus belles fleurs commencèrent à éclore, les variations suivantes eurent lieu, savoir :

Du 29 au 3 septembre inclusivement, le mercure a marqué, à l'aube 10°. — du 4 au 5, 20°, — le 6, 19°. Ce dernier jour, le thermomètre, placé contre la façade d'une maison, à l'exposition du midi, marquait, au soleil, de deux à trois heures, 29 1/2 degrés. — Vers midi, le 4, pluie battante, tempérée, de peu de durée. — Les boutons, pendant la journée du 5, s'étaient allongés, gonflés et colorés : à minuit, ces boutons n'avaient pas sensiblement changé d'état ; mais, dès le principe de l'aube, leurs progrès devinrent rapides, et il commencèrent à éclore au moment où les premiers feux de l'aurore répandaient assez de lumière pour les distinguer mieux : au moment de l'apparition de l'astre, les fleurs étaient écloses, et avant neuf heures elles étaient parvenues à leur état parfait. — Aussitôt après midi, elles

(1) Les 24, 25 et 26 août, des pluies froides et répétées avaient abaissé excessivement la température : il est arrivée que, vers le milieu du jour, le mercure ne marquait que 17°. Cette transition subite nuisit à la végétation qui en fut très ralentie ; les fleurs, qui se seraient ouvertes vers la fin de ce mois, ne commencèrent à éclore qu'à partir du 4 septembre.

commencèrent à se refermer ; et à deux heures, le limbe de la corolle s'était roulé en dedans. — Le 7, plus d'une heure avant le lever du soleil, la corolle de chaque fleur s'est détachée, est tombée; et, de jour en jour, de nouvelles fleurs sont écloses de même. — La durée d'une fleur, après son parfait développement, à cette température, est donc d'environ trois heures. — Plus est intense la chaleur, et plus est brève cette durée : on peut conjecturer qu'il est telle latitude des Indes orientales où elle ne serait pas d'une heure. — Ces bouquets qui étaient, dès le 5 août, déjà apparents, avaient donc employé un mois pour acquérir leur entier accroissement. — La corolle étant tombée, le calice reste assez entr'ouvert pour qu'à l'aide d'une loupe, on voie très distintement l'ovaire bien formé, qui est d'un blanc verdâtre.

Voilà donc, pour une température moyenne, sous le 45e degré 1/3, en Basse-Lombardie, la marche naturelle de la floraison de ce végétal.

Dès le 13, les premières fleurs écloses se sont entièrement desséchées : la nuit du 9 au 10 y aura beaucoup contribué. (Voyez le résultat de ces fleurs, planche A, fig. 13).

Nota. Je ne doute point que sous une latitute un peu plus méridionale, ces fleurs n'eussent tenu, et que les ovaires ne se fussent développés; mais là, à cette époque avancée, la température qui s'abaissait progressivement, était déjà trop variable, surtout pendant la nuit; et, obligé de rentrer en France, je ne pus donner suite à mes observations.

Voyez ci-après la suite des variations atmosphériques jusqu'au 20 septembre :

Dates.	Variations météorologiques du 16 au 20 septembre 1824. de midi à 2 h. maximum au nord.	de 2 à 5 heur. maximum au soleil.	à l'aube maximum au nord.	Détails.	Observations.
[Sept]emb.					
6	19 »	29 1/2	le 7 12° »	Brouillards.	*Nota.* Le o placé au-dessus des chiffres ou nombres qui indiquent la température remplace le mot *degré*.
7	20 »	29 1/2	12 »	*Id.* léger, au lever du soleil.	
8	21 »	29 1/2	14 1/2	*Id.* n'a duré qu'un moment.	
9	21 »	29 »	11 »	Orage et grêle, de 7 à 8 h. du soir. Les plantes fleuries furent couvertes.	
0	17 »	20 »	9 »	Orage au loin, ciel nuageux après midi.	
1	17 3/4	29 1/2	10 »	De ce jour on couvrit les plantes pendant la nuit.	Ces variations furent à peu près les mêmes jusqu'à la fin du mois, mais en octobre, elles devinrent plus considérables; et c'est dès lors que la température fut très insuffisante.
2	17 1/2	30 »	9 1/4	Ciel couvert, quelques gouttes de pluie.	
3	19 1/2	29 »	10 »	Ciel légèrement voilé.	
4	18 3/4	28 1/2	9 3/4	Encore plus voilé, vent nord, assez fort.	
5	15 »	28 1/4	9 1/4	*Id.* calme, plantes abritées de jour.	
6	17 1/2	31 »	9 »	Serein.	
7	18 »	32 »	9 1/4	Serein et calme.	
8	18 1/3	31 »	9 1/2	Éclair au loin et au nord, vers la nuit.	*Nota.* C'est toujours de la gradation du thermomètre de Réaumur qu'il s'agit.
9	18 1/2	28 »	9 1/2	Nuages épais, quelq. goutt. de pluie, vent sur le soir.	
20	18 »	29 »	» »	Ciel voilé, nuageux ensuite.	

ARTICLE II.

Du choix des terres les plus propres à la culture des ipomées-batates, et de quelques-unes des conditions nécessaires pour les faire prospérer.

---

§ 1er. — Les ipomées-batates, bien qu'elles viennent à peu près dans toutes sortes de terres, réussissent cependant beaucoup mieux en plaine, dans celles qui sont moins argileuses et moins calcaires, mais qui sont profondes et fraîches naturellement, notamment dans les granitiques, quartzeuses ou siliceuses, surtout si elles proviennent d'alluvions récentes, les délais de rivières étant généralement fertiles. Ces mêmes sortes de terres leur conviennent aussi, quoique de toute autre provenance, sur les collines ou dans les vallons peu élevés, mais à l'exposition méridienne; là, surtout, il est indispensable qu'elles soient rendues fertiles par des engrais consumés, tels par exemple que des terreaux pulvérulens, mêlés par moitié à des fumiers de litière bien fermentés; les tubercules qu'elles produisent, ne devenant assez volumineux qu'en raison de la nourriture et de la réaction que ces terres présentent, et aussi de l'intensité de chaleur qui s'y accumule et que la fermentation y entretient. Du reste, ces plantes viennent bien aussi dans plusieurs autres qualités de terres; mais, toutes choses égales d'ailleurs, dans celles qui sont moins pesantes et compactes, ou naturellement plus divisées, et qui sont plus facilement pénétrables par les tubercules, qui s'y développent mieux, plus hâtivement, et y acquièrent plus de qualité. Ils y mûrissent plus complètement, et pour cela sont moins aqueux et plus aptes à se conserver sains.

2. — Il faut faire en sorte que la terre, quelle qu'elle soit, conserve assez d'humidité pendant les premiers soixante jours qui suivent la plantation, mais cependant, sans qu'elle soit jamais excessive, ce qui donnerait trop de druesse aux plantes et rendrait luxueuse la végétation extérieure, qui, en ce cas, n'a lieu qu'aux dépens de la végétation souterraine. Il est plus rare de voir de très belles plantes produire de volumineux et abondans tubercules, qu'il ne l'est d'en obtenir beaucoup et de beaux, produits par de chétives plantes, ne présentant que de rares et grêles stolones.

3. — Il est quelques sortes de terres où ces plantes obtiennent cet heureux résultat, et ce sont celles qu'il convient de rechercher pour les affecter plus spécialement à cette culture précieuse.

4. — Au contraire, pendant les derniers mois qui pré-

cèdent la récolte, il est désirable que la sécheresse se fasse sentir. Le soleil, à cette époque, ne restant sur l'horizon que beaucoup moins de temps, et souvent ayant déjà perdu une grande partie de sa force, la terre conserve d'autant mieux la chaleur qui s'y est accumulée, qu'elle est moins sujette à l'évaporation ; et, dans cet état d'une température plus élevée, la maturation des tubercules est moins lente, plus parfaite, et leurs yeux ne se développent point; enfin, étant récoltés avant les pluies automnales, ils sont d'une conservation plus facile, et leur goût comme leur arôme est bien plus prononcé.

5. — Ces données me semblent suffisantes. De plus grands détails occuperaient sans assez d'utilité les cultivateurs ; d'ailleurs, c'est, en définitive, à l'aide de leur propre expérience qu'ils doivent se guider, après les premiers essais. Les meilleures méthodes exigent presque toujours des modifications, réclamées, dans chaque différent pays, par les diverses compositions de terres, dont le nombre est très grand, et aussi par les influences particulières des *climatures* (1), soit qu'elles résultent des abris, des expositions ou de la constitution atmosphérique locale.

(1) J'expliquera le sens que je donne à ce mot, de création récente. (Voyez l'art. 6.)

ARTICLE III.

Des amendements et des engrais que réclame, en général, la culture de ces plantes, selon les espèces de terres et les expositions. — Du mode de préparation des engrais. — Des véritables racines de l'ipomée-batate. — Et d'un mode d'enfouissement au moyen duquel la terre est rendue également fertile dans toutes ses parties.

---

§ 1er. — Ce végétal, au moins le plus grand nombre de ses espèces, n'exige pas une terre très fertile, lorsque, d'ailleurs, elle réunit les autres qualités déjà indiquées. Cependant, si elle manquait absolument d'humus, on n'y obtiendrait que de rares et trop petits tubercules. Le terreau n'est pas seulement nécessaire pour alimenter les plantes, mais aussi pour attirer et maintenir dans la terre l'humidité indispensable à une bonne végétation. Ainsi, plus les terres sont élevées, plus leur exposition est méridionale, et plus leur est nécessaire le terreau.

2. — Une des conditions essentielles, c'est qu'avant de

planter, la terre soit bien ameublie et rendue bien nette de toutes herbes spontanées, soit annuelles, soit vivaces; attendu que les binages, s'ils ne sont pratiqués par des mains adroites, nuiraient aux racines très délicates des jeunes plantes, dont les premières produites sont souvent superficielles; ce qui, pour ainsi dire, serait détruire dans leur germe les tubercules qui doivent en provenir.

3. — Les batates ont deux sortes de racines qu'on ne saurait distinguer lorsqu'elles commencent à se former; les racines traçantes, peu nombreuses et peu étendues dans les plantes les plus fécondes, et des racines tubéreuses (1) qui, dans les grandes espèces, s'enfoncent et s'étendent beaucoup, avant de se dilater; les premières sont corticales et ligneuses; elles sont spécialement destinées à puiser et transmettre à la plante les sucs nutritifs nécessaires à son premier développement; et c'est, par suite, des feuilles et des tiges que les racines dilatables reçoivent la majeure partie de la sève qui pourvoit à leur accroissement (2).

(1) On appelle de même les racines de la bryone : mais les noms ne sauraient changer la nature des choses; ainsi, c'est improprement qu'on nomme racines les tubercules de la batate; qu'on les soustraire de la plante, celle-ci n'en reçoit aucun dommage; mais qu'on les enlève à celle-là, elle cesse de végéter, se fane et se dessèche.

(2) Il est facile de se convaincre que les racines sont de deux espèces : l'excès d'humidité dans la terre, en faisant prospérer les racines corticales, fait périr les racines tubéreuses; ainsi un arrosage excessif, bien qu'il favorise la végétation des tiges, s'oppose au développement des tubercules ou les détruit — Une grêle un peu abondante survient-elle à la fin de juin, lorsque les rudiments des tubercules commencent à se dilater? l'eau excessivement froide, qu'elle produit en se fondant, au pied des plantes, si

4. — C'est d'après ce mode de végétation, bien reconnu, que si l'on entoure les racines, proprement dites, de terre assez fertile, elle pourvoit suffisamment à la végétation et à l'accroissement de toutes les parties de la plante; et que les tubercules qui se forment loin du collet, dans une terre très peu végétale, y reçoivent leur développement comme si elle était riche d'humus (1). Ce mode de plantation n'est pas seulement le plus économique, puisqu'il permet d'éta-

elle atteint leurs racines, les paralyse; ils cessent de s'accroître et la récolte est perdue. — Si plus tard, en juillet-août, la plantation est inondée pendant trente-six ou quarante-huit heures, les tubercules se décomposent et finissent par se réduire en terreau, sans que les vraies racines, non plus que les stolones, en éprouvent aucune altération : ces faits divers, prouvent évidemment que les racines de la batate sont de deux espèces. — Il s'ensuit donc, que pour prévenir le dommage que la grêle peut causer, la prudence exige que les plantes soient buttées le plus tôt possible : la butte formée autour de la plante, éloignant les grêlons, garantit les racines du froid dont autrement elles seraient atteintes; enfin, et qu'il faut éviter de planter dans les terres sujettes au débordement d'une rivière ou d'un torrent, quelque court qu'il soit, l'excès d'humidité qu'il cause ayant tout au moins pour résultat de rendre difficile, ou impossible même, la cuisson des tubercules, suivant le plus long temps qu'ils y restent exposés.

(1) Je me suis assuré de ce fait de plusieurs manières; voici la plus exacte : une bouture a été plantée en terre très fertile, dans une caisse d'un pied cube, dont le fond était formé d'un grillage de fil de fer. Une autre caissse de deux pieds cubes enfoncée en terre jusqu'à son bord, et remplie de terre siliceuse, pure, épuisée, et dans laquelle le siègle même n'aurait pu prospérer. La petite caisse y a été enfoncée à moitié : c'est à l'aide de quelques arrosages indispensables, que cette plante a étendu ses racines dilatables jusqu'au fond de la caisse inférieure, et y a produit des tubercules nombreux et d'une excellente qualité, qui se sont mieux conservés que ceux récoltés dans un milieu plus fertile, jusqu'à l'été suivant.

blir cette culture dans les terres de moindre valeur, mais il est aussi le plus propre à produire des batates de la meilleure qualité et d'une plus longue conservation.

5. — Un bon terreau végétal est le meilleur pour produire des tubercules d'un goût excellent, surtout dans les basses terres impreignées d'humidité.

6. — La meilleure préparation à donner à une terre destinée à la culture de ces plantes, c'est de la défoncer pendant l'automne, à 75 centimètres de profondeur, en reportant à sa surface la terre du fond (1). Si elle est tant soit peu trop argileuse, sans être trop privée d'humus, on la saupoudre de chaux éteinte à l'air ; mais si elle était trop privée de parties végétales, il faudrait les suppléer par une demi-fumure de fumier de litière, ou de terreau répandu à la main ; et on l'ensemencerait en seigle mêlé à de la vesce d'hiver, dès la mi-octobre. Ces herbes seraient fauchées en avril, un peu avant la floraison de la graminée, et on les enfouirait de suite, à la charrue, à au moins six pouces de profondeur. Ce mode de fumure a sur tout autre l'avantage de faire distinguer les places les moins fertiles, sur lesquelles on fait porter, par partie ou en totalité, suivant le besoin, l'herbe des autres parties où elle est venue avec plus de druesse.

7. — On peut, à cette époque du printemps, établir sur cette terre une culture de betteraves, de haricots ou toute autre sarclée et peu épuisante, en attendant que l'en-

(1) Il y a deux manières d'opérer ce défoncement ; la description est trop étendue pour être ici l'objet d'une note. On la ferait connaître séparément aux personnes qui la demanderaient.

fouissement soit converti en terreau, et que la terre se soit bien assise.

8. — L'année suivante et dès les premiers jours du printemps, elle sera devenue facile à travailler à la charrue, rendue nette et bien disposée à recevoir la plantation de batates; mais toutefois, sans priver les plantes d'une petite portion de terreau, préparé d'avance et placé dans leur entour, sur un pied de diamètre et autant de profondeur.

9. — Si la terre destinée à cette plantation était, au contraire, très siliceuse, sans trop manquer de fertilité, sa préparation ne devrait différer de celle de la première que par cela seulement qu'il faudrait l'ensemencer, à la même époque, d'herbe à vache (*sinapis alba*), et de féverolles hivernales, dont les herbes seraient de même fauchées au moment de la floraison de la première, et réparties selon le besoin. Leurs tiges moins consistantes, se décomposant plus promptement, ne sauraient s'opposer à ce que la plantation des batates eût lieu immédiatement, et ainsi elle s'opérerait dans les premiers jours de mai suivant, au plus tôt, si l'état de la saison le permettait (1).

10. — S'il s'agissait de moyenne ou petite culture, pré-

(1) En cet état, une terre qu'on destine à être plantée en espèce stolonifères des plus grandes tiges (la grosse-blanche, la grosse-rose et leurs congénères), présente cet avantage, qu'étant bien assise, au moment de recevoir le labour d'enfouissement, elle s'oppose à ce que ces plantes étendent trop au loin ou profondément leurs tubercules, lesquels, contraints à se développer près du collet, prennent de meilleures formes, sont plus faciles à déterrer, et beaucoup moins exposés aux atteintes du fer de bêche.

Je produis le dessin d'un tubercule, demi-longueur et grosseur de la grosse-blanche, venu dans une terre siliceuse excessivement ameublie, qui s'était formée à plus de 2 mètres du pied. (Planch. C., fig. 36.)

parée à la bêche, et en terre de jardin, ce que je conseille de faire comme premier essai, et ce qui suppose l'emploi d'un terrain toujours plus fertile, plus exempt d'herbes spontanées, il suffirait de lui donner une bonne préparation avant l'hiver pour le rendre prêt à recevoir les plants dès que la chaleur de l'atmosphère et celle de la terre le rendraient praticables.

ARTICLE IV.

De l'ipomée-batate comparée à d'autres plantes des régions méridionales, relativement à la plus ou moins grande facilité qu'elles présentent pour leur culture et pour la préparation des plantes, dans les contrées tempérées. — Du nombre de plants qu'on peut obtenir d'un petit tubercule, bien cultivé. — En quoi consiste la meilleure bouture. — Et un extrait du *Traité des Antilles*, par le Père du Tertre ; suivi de quelques réflexions sur ce qu'il nous fait connaître.

---

§ 1er. — Les agriculteurs, même les plus instruits, ne sont pas assez en garde contre certaines préventions très préjudiciables aux progrès et aux perfectionnements de l'agriculture. Ils sont trop généralement disposés à croire que tous les végétaux des régions tropicales ne peuvent être pour nous que des objets d'études pour l'avancement de la science, de curiosité ou de luxe. On ne fait pas assez attention que les parties les plus méridionales de l'Italie et de la France présentent beaucoup de propriétés et d'avantages qui les rapprochent suffisamment de nombre de contrées de ces mêmes régions, dont on se forme des idées fausses ou trop inexactes.

2. — D'autre part, nous n'étudions pas assez l'organisation et les besoins particuliers qui établissent entre ces végétaux des différences très-importantes sous le rapport de leur plus ou moins d'aptitude à devenir pour nous l'objet de nouvelles cultures usuelles.

3. — Il est de ces plantes qui n'ont besoin que d'une végétation moins énergique ou moins prolongée que d'autres dans leur pays natal, pour produire et mûrir leurs fruits dans le nôtre. D'autres pour lesquelles la durée d'une chaleur moins intense, et un développement moins rapide, ne laissent pas de remplacer, même avec avantage, les résultats d'un accroissement plus prompt, par les influences d'un climat ardent. D'autres encore qui, par des moyens artificiels peu coûteux, sont susceptibles de parcourir une ou plusieurs périodes de leur végétation, sur couche, dans une saison anticipée, par rapport à la température naturelle de l'atmosphère, mais insuffisante pour elles, dans notre première saison végétative; moyen facile qui prépare et assure l'entier développement de ces plantes, et la maturation de leurs fruits, pour que nous parvenions à les récolter sains et conservables, avant le retour des pluies équinoxiales. La batate entre incontestablement dans cette catégorie; nous suppléons pendant deux ou trois mois, par une couche placée sous des vitraux, et à Paris même, à l'insuffisance du climat (1),

(1) C'est ainsi, qu'en 1834, j'ai cultivé au jardin botanique de Paris,

pendant une grande partie du printemps, pour la première culture qui, sous les tropiques, a lieu en pleine terre, afin de nous procurer les plants nécessaires à la grande plantation, la seule de pleine terre qui nous soit possible, mais par des plants bien supérieurs à ceux qu'on obtient de la pleine terre, en Amérique et aux Indes, pour fournir à la deuxième plantation, qui, là aussi, est la seule importante, quant à la reproduction des tubercules.

4. — La bache la plus petite possible, qui ne contiendrait pas vingt plants de melon, sert à la première préparation de plusieurs milliers de plants de batates, destinés à couvrir plusieurs arpents d'une culture cent fois plus facile et mille fois plus productive, d'un tubercule sain, agréable, délicat même, pour quiconque s'est tant soit peu habitué à cet aliment.

5. — Les propriétés toutes particulières de ces plantes doivent donc les faire distinguer d'autres végétaux des mêmes régions qui, pour nous, se prêtent moins facilement ou moins économiquement à la culture, par des propriétés diverses; de celles par exemple dont la multiplication du plant serait trop difficile ou trop tardive, ou dont la transplantation présente trop peu de chances de succès; enfin, ou dont le produit de chaque plante, pris isolément, est trop peu appréciable, relativement aux

sous les bienveillants auspices de M. de Mirbel, quelques plants de l'espèce dont la végétation a le plus de durée, la grosse-blanche, dont les tubercules étaient peu volumineux, mais tellement mûrs, que, sans se faner aucunement, je les ai conservés parfaitement sains jusqu'à la fin de mars 1836, qu'ils ont été plantés pour en obtenir du plant.

soins qu'elle exige, ne pouvant ainsi compenser le temps et les frais qu'entraîne leur culture plus compliquée, sous un ciel tempéré, etc.

6. — En effet, les soins faciles et la légère dépense que nécessite l'éducation en bache, d'une mère-plante de batate, pendant la fin de l'hiver, sont à peine calculables, s'ils sont répartis sur vingt de ces plantes et si l'on considère que chacune d'elles peut donner facilement deux cents boutures ou plants (1) à enraciner, et que chacun de ces plants, convenablement transféré, ou planté immédiatement en pleine terre, peut produire depuis cinq jusqu'à vingt livres de tubercules, on s'étonnera justement que ceux qui, dès long-temps, se sont occupés de la culture de cette admirable plante, n'aient pas reconnu toute sa fécondité, ou fait de plus grands efforts pour découvrir les moyens d'en tirer tout le parti possible

7. — Tel est pourtant le résultat le plus ordinaire, dans les contrées que j'indique, du mode de culture que je fais connaître, et qui s'adapte merveilleusement bien à l'organisation de ce végétal, dans notre climat, mais que nos agronomes les plus renommés avaient, dans leurs préventions, jugé trop peu propice à une reproduction assez importante de ce tubercule.

8. — Peut-être aimera-t-on à trouver ici la seule description un peu détaillée que contiennent nos bibliothèques de cette culture aux Antilles d'Amérique, de l'appréciation et de l'usage de ses produits, extraite du *Traité des Antilles*, par le P. Dutertre, année 1667, t. 2, pag. 118 et 119.

(1) J'en ai souvent obtenu plus de quatre cents.

« Les batates, dit-il, peuvent servir de pain et de nour-« riture aux hommes et aux animaux, sans en excepter « aucun ; et même, dès à présent, j'ose bien assurer qu'il « y a la moitié des habitants des îles, principalement parmi « les Anglais, qui ne vivent d'autre chose.

« Je crois assurément qu'il n'y a personne qui ait été en « Amérique, qui n'avoue que la batate est la meilleure « nourriture du pays.

« On plante en trous très rapprochés et par boutures « qu'on nomme *bois de batates*. Dans chaque trou il y avait « cinq ou six racines de forme ronde, longue ou pyri-« forme, et de toute grosseur.

« Il y en avait quelquefois de grosses comme la tête et « du poids de vingt livres, ce qui est assez ordinaire « quand elles sont plantées en terre sablonneuse, où elles « se plaisent plus qu'en terre grasse.

« Toutes ces racines, en trois ou quatre mois, atteignent « leur perfection.

« Il y en a huit ou dix sortes différentes en goût, en « couleur et en feuilles : la verte, à l'oignon, marbrée, « blanche, rouge, orangée, soufrée, etc.

« Leurs tiges rampantes sont taillées par brassées et « servent de nourriture aux bœufs, aux chevaux et aux « porcs.

« L'on coupe aussi l'extrémité des tiges, que l'on lie en « petits paquets pour les faire cuire et manger en guise « d'asperges.

« On fait cuire les racines à la vapeur de l'eau. Elles ne « chargent point l'estomac.

« La sauce ordinaire où on les trempe avant de les

cines dilatables. Les seules racines corticales qu'il pousse ne servent qu'à fournir à la première végétation de cette sorte de boutures multiples. C'est des nœuds les moins enterrés que sortent les pousses axillaires qui deviennent les plantes productives. On conserve les plus vigoureuses, on les butte, et c'est de leurs nœuds herbacés que sortent de nouvelles racines, parmi lesquelles se forment les tubercules.

10. — Dans les climats tempérés, ce mode de planter n'obtient pas les mêmes résultats. Les parties extérieures de ces traînants se dessèchent également vite, et les yeux souterrains ne se développent qu'avec beaucoup moins d'énergie, ne viennent en état d'être rechaussés que trop tard, et souvent ne produisent que des racines ligneuses.

11. — D'ailleurs, il est facile de comprendre qu'outre les embarras et les frais considérables qu'entraînerait l'emploi de telles boutures, que nous ne saurions obtenir que sur couche et sous vitraux, on ne pourrait en disposer que trop tard. Cette seule explication démontre que ce moyen de reproduction n'est pas praticable en Europe.

12. — J'ajouterai que toute bouture est d'autant moins bonne qu'elle se compose d'un plus grand nombre d'articulations ou d'yeux, mais qu'elle n'est aussi bonne qu'elle puisse être qu'en la rendant aussi simple que possible. Pourvue d'un seul nœud sous terre et d'un seul œil au-dessus, elle réussit toujours mieux qu'aucune autre plus composée ; toutefois, si ce nœud est placé dans un milieu suffisamment humide et chaud et à une profondeur convenable, relativement à la composition de la terre ; et aussi si l'œil se trouve dans une position également favorable,

et de telle sorte que cette bouture *n'éprouve aucun retard dans sa végétation.* En cela consistait, pour nous, le problème le plus difficile à résoudre. On jugera bientôt s'il l'a été complètement.

13. — Remarquons bien que le P. du Tertre, en nous entretenant de cette culture, n'a pensé qu'à intéresser la curiosité du lecteur, mais non point à nous suggérer l'idée d'en faire l'essai, que très vraisemblablement il croyait impraticable. Du moins il nous a fait connaître qu'il y a bien des espèces de batates cultivées dans ces îles; ce que n'ont pas fait les botanistes, par leurs descriptions abrégées où ils ne donnent pas même le moyen de discerner, parmi les mille espèces de ces plantes, quelle est celle qui est l'objet de la description de chacun d'eux.

ARTICLE V.

De la composition et préparation des terreaux les plus propres à couvrir les couches, pour la plantation des tubercules destinés à la reproduction du plant, et à la translation des plants et des plantules en pleine terre ;—et des préparatifs nécessaires pour la formation du plant.

---

§ 1er. — Chaque contrée, chaque pays même, présente des terres de natures souvent très différentes entre elles. Il faut y choisir celles qui conviennent le mieux pour la composition du terreau des couches, composition qui doit varier selon les climats et les époques plus ou moins avancées de la saison où l'on plante.

2. — Quelles que soient les terres et les autres matières dont on est obligé de se servir, il faut toujours que de leur mélange il résulte un terreau très fertile, soluble, perméable à l'eau d'arrosage, épuré de toutes semences d'herbes et de germes d'insectes. Lorsqu'on est à portée de se procurer de la vraie terre de bruyère, ou à défaut,

de bons et vieux terreaux des bois, il faut les mélanger par moitié à de vieux terreaux de couches, en y ajoutant une portion de bonne terre de jardin, non entièrement privée d'argile, si les autres composants en étaient totalement dépourvus. Cette diversité de terres et d'humus, en les comprenant en de convenables proportions, et en les mélangeant le plus intimement possible, après les avoir une première fois et séparément passés au crible fin, forment un composé excellent; on peut y ajouter un vingtième de suie de cheminée, pour lui donner plus de chaleur et en écarter les insectes.

3. — Moins est avancée la saison, plus doit être meuble et léger ce terreau composé, plus aussi il doit être coloré, dût-on y faire entrer une partie de poussier de charbon de bois passé au tamis. Si au contraire la plantation était tardive et la température élevée, il faudrait augmenter la dose d'argile, afin que le terreau retînt mieux l'humidité et qu'on eût moins besoin de répéter les arrosages.

4. — Dans les pays de vignobles, on ne saurait mieux faire que de conserver les grappes de la vendange qui, enterrées à peu de profondeur et recouvertes de litière ou de terre, en lieu humide et chaud, se convertissent en peu d'années, en un terreau de la plus grande fertilité, qui, au besoin, supplée les autres, en le mélangeant avec un tiers ou un quart de pur sable de rivière, le plus fin possible, toutefois encore si ce terreau a été amené à sa complète décomposition.

5. — Ces terreaux ayant été préparés à l'avance, maintenus à l'abri du soleil, à l'exposition du nord, y ayant constamment entretenu une légère humidité et les ayant

passés à la claie chaque quinze ou vingt jours, auront acquis un haut degré de fertilité (1).

6. — Ce premier fonds de terreau n'a besoin d'être renouvelé que pour la partie manquante à chaque nouvelle année : il suffit de le reporter sous son premier abri, et de le remuer de loin en loin, en y entretenant la même humidité; et il conserve, au moyen du terreau neuf qui y est ajouté, toute sa fertilité première.

7. — On ne peut non plus se dispenser de préparer et tenir à couvert, à proximité de l'habitation ou du lieu de plantation en pleine terre, une plus grande quantité de terreau, mais autrement composé et moins riche d'humus que le premier : on peut le former, pour deux tiers, de la meilleure terre de jardin, et d'un tiers de vieux terreau de couches ou de fumier de brebis, bien consumé, ou bien de terreau de grappes, parfaitement mélangé. Cette sorte de terreau, dont la quantité doit être proportionnée à l'étendue de la plantation projetée, ou en raison du nombre de plants à transférer, ou de boutures à planter en pleine terre immédiatement, doit, de même, être entretenu humide et remanié de mois en mois. Chaque plant en exige au moins deux poignées. L'argile y entrera en

(1) Les terreaux destinés à recouvrir les couches, soit de la bache, soit de la couche sourde, ne sauraient être d'une fertilité excessive; toutefois, s'ils sont bien éteints ou très peu fermentescibles, les pousses des tubercules y obtiennent un développement plus rapide; elles sont plus nombreuses; les drageons et les stolones sont plus volumineux, plus vigoureux et plus herbacés : on en obtient des plants plus nombreux, d'une reprise ou d'un enracinement plus facile, de meilleure venue, et par suite, des plantes plus végétantes et plus fécondes.

proportion d'autant plus grande, que la terre de plantation en sera plus dépourvue, *et vice versâ*, si elle était trop argileuse.

8. — Enfin, il est encore nécessaire que sous l'abri du terreau de couche on ménage la place d'une petite table et d'une chaise à l'usage du maître-ouvrier ou jardinier chargé du dépouillement des tubercules à drageons et de la division des stolones en boutures, pour la préparation des plants enracinés ou à enraciner, opération qui doit se faire à l'abri du soleil, à une fraîche exposition, pour prévenir la fanaison des plants et des boutures ; et enfin avec la commodité nécessaire pour cette opération, qui demande un peu d'attention et de soin.

ARTICLE VI.

Des dimensions et de la construction de la bache à vitraux, destinée à l'éducation des mères-plantes. — Et de l'acception à donner au mot *climature*.

---

§ 1er. — Cette bache doit être construite en maçonnerie et en briques vernissées sur leur surface extérieure, si ce n'est trop difficile.

2. — La maçonnerie doit saillir au-dessus du niveau du sol, savoir : la partie postérieure, au nord, de 45 centimètres, l'antérieure de 10 centimètres, et les parties latérales s'accorder avec ces deux hauteurs. Sa profondeur sera de 1 mètre 30 centimètres, à partir de la superficie du sol, et sa largeur de 1 mètre dans œuvre, afin qu'indépendamment de la couche à y former, d'environ 90 centimètres d'épaisseur, il reste environ 25 centimètres à occuper par le terreau dont elle doit être chargée, et qu'il

reste encore, à la partie antérieure, assez d'espace, au moins 15 centimètres, entre les vitraux et le terreau pour y placer les stolones des mères-plantes ; ou bien pour que les pousses ou drageons y trouvent la place nécessaire à leur développement. On lui donnera 3 mètres 30 centimètres de longueur, aussi dans œuvre.

3. — Cette construction sera surmontée d'un cadre de bois dur, vieux et bien sec, divisé à égales distances, par des traverses creusées en gouttières à leur centre, pour recevoir trois panneaux vitrés, faits en même bois. Toute cette boiserie, avant d'être montée, sera couverte de trois couches de peinture à l'huile, dans tous les sens.

4. — Ainsi, la déclinaison des parties supérieures de cette bache, et conséquemment de ses vitraux, sera de 35 centimètres.

5. — Chacun des vitraux sera pourvu d'une crémaillère en fer fixée à l'extrémité antérieure du châssis, et au centre de son bord, intérieurement, laquelle s'engrènera dans un tenon en fer, implanté à la partie interne du cadre qui y correspond, afin de pouvoir exhausser ou abaisser les vitraux à volonté et suivant le besoin.

6. — Il sera bien que cette bache soit établie dans une situation assez éminente, par rapport au niveau du sol, pour qu'en aucun cas, les eaux pluviales ne puissent ni l'atteindre ni s'en approcher trop, et qu'elle soit abritée le mieux possible des vents froids qui souvent règnent jusqu'au mois de mai, sous toutes nos latitudes, en Italie comme en France ; et, bien entendu, à l'exposition la plus méridienne.

7. — La profondeur de la bache ne saurait être dimi-

nuée que de bien peu, et seulement lorsqu'on serait certain de n'avoir toujours à y employer que des fumiers de litière de première qualité, c'est-à-dire propres à développer et conserver beaucoup de chaleur, ou que la climature (1) du lieu fût très favorable (2).

(1) *Climature* étant une expression nouvellement introduite, et qui pourrait n'être pas également entendue de tout le monde, si l'on ne s'accordait d'abord sur sa signification, je crois utile de l'expliquer. Elle ne saurait être suppléée par le mot *climat*, dont elle n'est pas synonyme, quoique en certains cas elle s'en approche beaucoup. — Voici donc le sens dans lequel je crois devoir l'employer : par climat, on entend généralement désigner la nature des saisons et leur influence, lersqu'il s'agit d'une vaste contrée. Par exemple, en parlant de l'Italie, comparativement à la France, on dirait que son climat est plus chaud, mais généralement moins salubre. — Mais que si l'on voulait donner une idée de l'influence des saisons sur la végétation, dans les campagnes abritées qui environnent la jolie ville d'Este, comparativement à celles qui entourent la ville de Rovigo, qui est si peu distante de la première, mais au midi, on dirait que sa climature est beaucoup plus douce, en hiver, plus salubre et plus heureuse. — Et, en effet, les oliviers, les orangers mêmes y résistent bien aux froids les plus ordinaires, lorsqu'ils ne résisteraient point à l'hiver le moins rigoureux dans la plaine de cette seconde ville. — Par *climature*, il faut donc entendre les différences résultant d'accidentalités du sol, naturelles et locales, sur des étendues plus ou moins limitées, mais en général assez bornées : cet état atmosphérique d'un pays plus ou moins étendu, qui quelquefois en embrasse plusieurs, mais toujours d'une médiocre extension, peut aussi résulter du voisinage de la mer. — Cette expression indique plus précisément la manière d'être, l'état habituel d'une localité, sous le rapport de sa température, comparativement à d'autres lieux voisins.

(2) Qu'on se persuade bien qu'une bache, telle que je l'ai décrite, est de beaucoup préférable à une serre chaude quelconque, où rien ne saurait prévenir l'étiolement des plantes ; en effet, les vitraux très rapprochés les font profiter de toute la lumière possible, en l'absence des rayons solaires, et, quand le soleil se montre, d'autant de chaleur qu'il est dési-

8. — Ces données étant le résultat d'une longue expérience, obtenue par des observations nombreuses, long-temps répétées, par une pratique continue dans des pays divers et sur tous les points d'une latitude de 7 degrés d'étendue du 43e au 50e degré inclusivement, je crois inutile d'en expliquer les motifs plus longuement.

rable. Si elle est excessive, rien n'est plus facile que de soulever un ou plusieurs panneaux. Quel que soit le degré de froid à l'extérieur, le moindre rayon de soleil suffit pour élever la température de l'air intérieur, suivant le besoin des plantes. — Enfin, les vitraux, bien couverts pendant les nuits les plus froides, suffisent toujours à maintenir une température de 18 à 20 degrés.

ARTICLE VII.

Des considérations d'après lesquelles on doit déterminer l'époque de la plantation en bache des tubercules pour la reproduction des plants. — Des moyens d'y prévenir leur décomposition ; — de ceux qui peuvent hâter leur végétation, et faire prospérer les mères-plantes.

§ 1er. L'époque de la plantation des tubercules pour le renouvellement du plant, n'est pas seulement subordonnée au degré de latitude où l'on se trouve, mais sa fixation dépend encore et nécessairement des moyens plus ou moins bien entendus, dont on peut disposer dans cette saison (février-mars) pour prévenir la décomposition des tubercules plantés, s'ils ne se trouvaient être aussi sains qu'il est désirable, et pour exciter leur prompte végétation. Dès qu'ils ont poussé, ils résistent beaucoup mieux à une base température et à l'excès d'humidité. S'ils se trouvaient endommagés, il faudrait, la veille de la plantation, enlever les parties gâtées, avec une lame bien affilée, et bien soupoudrer de fine poussière de charbon les parties découvertes par la taille.

2. — La couche étant bien conditionnée, et ensuite bien gouvernée, ne saurait, quelque froid qu'il survienne, conserver moins de 18° de température, dans le terreau qui la recouvre ; et, dans cet état, les moindres rayons du soleil peuvent l'élever jusqu'à 25°, ce qu'il est facile de reconnaître au moyen d'un thermomètre placé dans un étui de métal, qu'on enfonce dans toute la profondeur du terreau. Le soleil développant plus de chaleur, en élèverait la température à au moins 30°, et c'est alors seulement que la végétation devient assez active ; mais à ce degré, et dès l'apparition des pousses, il faut soulever un ou plusieurs panneaux et donner de l'air.

3. — Il sera bien d'exposer aux rayons du soleil, dans des bouteilles de verre noir, placées au pied d'un mur, l'eau destinée à l'arrosage de cette petite culture préparatoire, lequel aura lieu à l'aide du sproussoir (1).

4. — Avec ces précautions, les tubercules, s'ils étaient sains au moment de la plantation, ne se décomposent jamais. Il importe qu'ils n'éprouvent aucune altération, parce que, autrement, les drageons ou les stolones qui en proviendraient végèteraient mal et ne formeraient ensuite que des plants de médiocre ou mauvaise qualité.

(1) Sorte de seringue percée d'un grand nombre de trous extrêmement petits, qui divise l'eau comme la pluie la plus fine.

ARTICLE VIII.

De la manière de dresser la couche de la bache.—Des soins amplement expliqués que réclame la plantation sur couche et sous vitraux, dont il est parlé à l'article précédent, à partir du jour de cette plantation, jusqu'à celui de la translation des mères-plantes stolonifères sur couche sourde; et si ce sont des plantes à courts traînants, jusqu'au moment d'en détacher les drageons, pour la multiplication du plant de ces espèces.— De la plantation en cornet de ces plants. — Enfin, et du nombre de plants à obtenir, en temps utile, d'un seul et petit tubercule de chacune des espèces de ces deux classes.

---

§ 1er. **Dresser** une couche dans une bache en maçonnerie est une opération facile. Une couche aussi peu étendue doit se composer essentiellement de litière de cheval, de mouton ou de mulet, formée de longue paille de froment ou de seigle; être récente, après avoir servi trois journées de suite, et bien imbibée d'urine. Pour cet effet, il faut pouvoir disposer, en même temps, de celle de plusieurs de ces animaux. On en sépare le crottin en la passant au trident, pour la diviser et la bien mélanger, avant de la placer dans la fosse, où elle doit être étendue bien également, lit par lit successivement, de deux pouces d'épaisseur chacun, et qu'à chaque nouveau lit on doit fouler des pieds pour les tasser le plus possible; ce qui est important. Si la litière manquait de qualité, on y suppléerait par les additions suivantes : à 20 centimètres du fond, on formerait un lit de fiente de pigeons ou de poules, de deux pouces d'épaisseur au moins, et, l'ayant recouvert d'un autre lit de litière ordinaire, la litière restante serait mélangée par tiers avec des feuilles d'arbres recueillies saines au moment de leur chute, et conservées bien sèches.

2. — Cette couche étant montée à la hauteur nécessaire, serait amplement humectée de l'urine des mêmes animaux, recueillie en même temps que leur litière.

3. — La couche ayant été bien aplanie et suffisamment trépignée, il faut la recouvrir du terreau préparé à cet effet, et d'au moins 0,25 centimètres de profondeur. Il doit être friable, et pour cela très peu humide, seulement assez pour s'imbiber facilement du premier arrosage; n'être comprimé que légèrement, mais parfaitement aplani.

4. — En cet état, la couche est disposée à être plantée; les tubercules doivent y être placés verticalement, la tête en haut, dans un trou ouvert à la cheville, de profondeur et largeur proportionnées aux dimensions du tubercule, qui ne doit être recouvert que d'un pouce de terreau. Il importe beaucoup de planter le tubercule dans son sens naturel; je le fais observer expressément, attendu qu'il est très facile de s'y tromper, surtout s'il est fusiforme. Cette plantation doit être faite par lignes régulières, et les tu-

bercules placés à d'égales distances entre eux; distances qui, en tous sens, doivent être au moins de 18 centimètres qui forment le diamètre du déplantoir des mères-plantes stolonifères. Les vides restés autour des tubercules seront comblés avec du terreau semblable, répandu à la main. Une courte paille sera enfoncée au-dessus de chaque tubercule, pour marquer la place qu'il occupe, jusqu'à l'apparition des pousses. Tout arrosage serait superflu pendant les premiers jours qui suivent la plantation, surtout si la litière a été baignée abondamment. La superficie du terreau ayant été maintenue bien plane, on peut, dès lors, placer les vitraux et les tenir couverts, la nuit toujours, et aussi pendant le jour, si le soleil ne se montrait point; et cela jusqu'à l'apparition des premières pousses. La couverture sera formée d'un épais tissu de grosse laine, surmonté d'une toile gommée(1).

5. — S'il ne s'agissait que d'un petit nombre de tubercules, pour une moyenne ou petite culture, d'une seule espèce ou de plusieurs, mais d'une même classe de plantes, c'est-à-dire, à longs ou à courts traînants, cette seule couche serait suffisante à l'entier développement des mères-plantes, jusqu'au moment de la division des plants et de la

(1) Le tissu recouvre les vitraux qui, autrement, laisseraient échapper la chaleur. Le couvercle de toile gommée se compose d'un cadre de léger bois, muni de deux anses à ses parties latérales, pourvu d'une double traverse en croix, et surmonté d'abord d'une forte toile, bien tendue en tous sens, et enfin recouvert d'une toile gommée qui, ainsi, est défendue contre toute atteinte. — Le couvercle doit emboîter facilement la partie saillante de la bache. Il ne la défend pas seulement contre la gelée blanche, la pluie et les brouillards, mais, de jour comme de nuit, il garantit les vitraux des atteintes de la grêle.

plantation des boutures ou des drageons sur couches, ou bien de ces premières en pleine terre immédiatement. Ainsi l'on épargnerait les frais d'une couche sourde si les espèces cultivées étaient stolonifères (1).

6. — Si au contraire on voulait donner une grande extension à cette culture, il serait indispensable de former une grande couche sourde, mais sans vitraux ni châssis de papier, où les mères-plantes de la première classe devraient être transférées à de plus grandes distances entre elles, pour y achever le développement nécessaire de leurs stolones, dont les plants-boutures doivent être tirés, et qui sont destinés à être plantés sur couche à vitraux pour les y enraciner, ou en pleine terre immédiatement, comme je viens de le dire.

7.— Si les tubercules plantés en bache étaient d'espèces appartenant à la deuxième classe, ils pourraient y être replantés après chaque dépouillement de drageons, dont les plants de ces espèces se composent, sans qu'il fût besoin d'une autre et nouvelle couche.

Nota. La formation de la couche sourde (voyez l'art. 9); le transfèrement des mères-plantes de première classe, de la couche à vitraux sur cette première (voyez l'art. 9); la division de leurs stolones, pour la formation des plants (voyez l'art. 11); la plantation de ceux-ci sur une nouvelle couche à vitraux pour les y enraciner (voyez l'art. 14); ou la plantation des mêmes boutures, en pleine terre immédiatement (voyez l'art. 15); sont autant d'opérations décrites aux articles ci-dessus indiqués.

8. — Je reviens donc à la plantation en bache, pour ce

(1) Les espèces qui composent la première classe sont celles à grands stolones ou *stolonifères*, telles que la grosse-blanche des îles du Cap-Vert; la grosse-rose ou rose-Robert.

qu'il reste à en dire : si la chaleur développée par cette couche s'est progressivement élevée, pendant les trois premiers jours, à 35° ou seulement 30°, comme il est désirable, dès le huitième jour ou le dixième, au plus tard, le temps ayant été doux, et le soleil s'étant montré pendant quelques heures chaque jour, on voit ces tubercules donner des signes d'une végétation aussi laborieuse qu'accélérée ; ce ne sont pas de rares et grêles bourgeons qui se montrent successivement, mais de larges feuilles et de nombreux drageons tout formés qui s'élancent de dessous terre et qui, ensemble, surgissent avec une sorte d'impétuosité vraiment surprenante. Ces tiges naissantes ne sont d'abord colorées que de faibles nuances, jaunâtre, rougeâtre ou verdâtre ; mais en très peu de temps, elles prennent un plus grand développement dans toutes leurs parties, et les larges feuilles qui les recouvrent se colorent d'un vert azuré et ensuite d'une nuance pourpre satinée la plus brillante ; si c'est la grosse-blanche ou la jaune-des-Indes, car la plupart des autres espèces, non seulement végètent avec moins de fougue, mais ne se revêtent que de couleurs moins prononcées, notamment la jaune-de-Malaga dont les drageons ne poussent que successivement. (Pl. B, fig. 31.)

9. — Ces pousses récentes se perfectionnent promptement, et forment bientôt de vrais drageons qui, dès lors, couronnent chaque tubercule d'une belle touffe de verdure, dont la plupart présentent jusqu'à vingt tiges presque également bien formées, et, suivant les espèces, partant de toute la superficie du tubercule, depuis le collet jusqu'à l'autre extrémité (1).

(1) Mais non du collet exclusivement, comme l'indique le grand dictionnaire d'agriculture. (Bosc.)

10. — Pendant la présence du soleil, et si le vent n'est ni froid ni violent, il faut toujours soulever les vitraux, soit pour prévenir l'étiolement, soit pour éviter que, la chaleur s'accumulant avec excès, les feuilles encore très tendres n'en soient crispées ou brûlées, soit aussi pour accoutumer ces jeunes plantes à l'air extérieur. Bien entendu, qu'un peu avant que les rayons solaires n'abandonnent la bache, vers la fin du jour, les panneaux seront fermés de nouveau, et qu'avant la nuit, la bache sera recouverte de son appareil (1).

11.—Les tubercules ayant poussé tous, l'air étant calme et tempéré, et le thermomètre, exposé au soleil, contre la façade de l'habitation, marquant 20°, les vitraux de la bache peuvent être ouverts entièrement : les drageons en seront fortifiés, et se trouveront mieux disposés à passer à la couche sourde où ils doivent, pendant le jour, rester découverts (2). Ces plantes, ainsi gouvernées, deviennent avant trente jours en état d'endurer leur déplacement.

12. — Dès ce moment, il devient nécessaire de leur administrer deux arrosages chaque jour où le soleil s'est montré, et toujours avec le sproussoir.

13. Si, malgré ces soins, il arrivait qu'un ou plusieurs tubercules se trouvassent en retard, qu'on n'ait garde de l'attribuer au défaut d'humidité, parce que les arrosages excessifs ont cela de contraire, qu'en occasionnant trop d'évaporation, ils refroidissent la couche et retardent toujours plus la végétation.

14. — Que si les mères-plantes stolonifères doivent être

(1) Voyez-en l'explication à l'art. 8.

(2) Ce qui ne s'entend que des plantes stolonifères. Voyez l'art. 3.

transférées sur couche sourde, on se souvienne que l'inférieure et dernière ligne de tubercules plantés, doit laisser, à l'angle antérieur de la bache, à droite, un espace d'au moins 30 centimètres, non planté, pour donner accès à la truelle du déplantoir.

15. — Voilà, je crois, tout ce qu'il fallait prévoir quant à cette partie de la plantation ou culture préparatoire, étant composée de plantes stolonifères, et destinée à fournir le plant pour une plantation de grande étendue.

16. — Je ne dois pas terminer cet article sans expliquer les différences à observer dans cette première plantation, pour deux cas divers; savoir :

17.—Premièrement, s'il ne s'agissait que d'une petite ou moyenne culture de trois à six cents plantes, d'espèces à grands stolones, il suffirait de trois ou quatre tubercules, de deux à trois onces l'un, dans une telle bache, pour la recouvrir entièrement de stolones; ces mères-plantes pouvant y être maintenues jusqu'à leur dépouillement.

Nota. On explique à l'article 10, comment ces stolones doivent être ordonnées soit sur couche sourde, soit sur celle de la bache.

18.—Deuxièmement, et si la plantation se compose de tubercules des espèces à courts traînants, dont les plants sont formés de drageons enracinés, à replanter en cornets, ces tubercules peuvent y être plantés à six pouces de distance, en ligne, et à neuf pouces, entre lignes, vu qu'ils doivent être arrachés et mis à nu, en les dépouillant des drageons dont les plants sont formés :

Nota. Ce qui est mieux expliqué sous le titre *Plantation en cornets*, art. 10.

19. — On observera que ces dernières espèces n'employant que moins de temps à produire les plants, les tubercules ne doivent être plantés qu'un mois plus tard : mars et avril.

20. — Les nombres moyens des plants-drageons enracinés à obtenir en quarante-cinq jours et pour la fin d'avril, des tubercules, du volume indiqué (1), sont, savoir :

Espèces à courts traînants.

		Drageons.			Plants en totalité.	
Batate iname,	1er dépouillement.	15 — 2me	10 — 3me	8	— 33	(2)
Jaune des Indes,	*Id.*	12 — 2	8 — 3	6	— 26	
Et jaune Malaga,	*Id.*	15 — 2	8 — 3	6	— 29	

Et vraisemblablement ainsi de leurs congénères.

Espèces stolonifères.

Chaque mère-plante étant dépouillée en une seule fois : de 200 à 250 boutures.

Et par dépouillements successifs, progressivement, de 300 à 350 boutures.

Nota. Ces données approximatives peuvent servir à déterminer le nombre de tubercules à planter, selon l'extension qu'on désire donner à la culture qu'on a projetée.

(1) En plantant de plus gros tubercules pourvus de beaucoup d'yeux, on pourrait en obtenir un plus grand nombre de plants, mais ce moyen n'est pas toujours assez facile.

(2) On conçoit bien que ces nombres ne sont qu'approximatifs ; ils dépendent surtout du choix des tubercules.

ARTICLE IX.

De la formation de la couche sourde, et de ses dimensions. — Des préparatifs à y faire avant d'y transférer les plantes stolonifères à leur sortie de la bache. — Des distances à ménager entre ces plantes, selon les espèces. — Et des nouveaux soins à leur y donner, jusqu'à leur dépouillement.

---

§ 1er. Le sol où la fosse doit être ouverte doit être assez compacte pour n'avoir à craindre aucun éboulement, et n'être pas infesté de taupes, des mulots, de musaraignes, de courtilières, ni de gros vers blancs (1).

Les dimensions à donner à cette fosse sont, savoir :

Sa profondeur,	1 mèt.	30 cent.
Largeur (sous une seule rangée de plantes,	1	50
et pour deux rangées,	2	00

(1) Ces diverses sortes de rats et d'insectes, attirés par la chaleur de la couche, causent de grands désordres.

Si elle est destinée à recevoir des plantes des plus grandes espèces : ou bien, si elle doit être garnie d'espèces moins grandes (1) :

Sa profondeur sera la même	1 mèt.	30 cent.
Largeur réduite, pour une rangée à	1	30
Et pour deux lignes de plantes	1	50

Enfin, et la longueur selon le nombre de plantes qu'elle doit contenir.

2.— Il y a toujours économie de travail, d'emplacement, de litière et de terreau, à la préparer pour une double rangée de plantes en quinconce.

3. — La couche à y dresser doit avoir de 90 centimètres à 1 mèt. d'épaisseur, pour que le terreau qui doit la surmonter ait 40 centimètres de profondeur.

4. — La manière de dresser cette couche et de la recouvrir est la même que celle indiquée pour la couche de la bache, toutefois, sans qu'elle exige une litière aussi bien conditionnée, vu ses plus grandes dimensions.

5.—Seulement, on aura soin que le terreau dont elle sera recouverte s'élève de deux pouces, au moins, au-dessus du niveau du sol, parce que, en s'affaissant d'autant pendant les premiers jours, elle se retrouve à ce niveau.

6.—On observera que cette couche soit placée sur un site assez éminent par rapport au niveau du sol de la localité ; à l'exposition naturellement la plus abritée et la plus méridienne.

7. — Avant d'en bien aplanir la superficie, une légère pression sera exercée également sur le terreau.

(1) Telles que la rouge-d'Amérique et la grosse-mignonne, nouvelle espèce dont je parlerai ci-après. (Voir l'art. 21, § 10.)

8. — Elle sera dressée au moins vingt-quatre heures avant d'y transférer les plantes, et l'on profitera, autant que possible, pour cette opération, d'une journée sereine et de douce température.

9. — La distance à conserver entre ces mêmes plantes est, pour les plus grandes espèces, savoir :

Grandes espèces en ligne, de	1 mèt. 20 cent.
Moyennes id.	1 00

Les distances entre lignes seront :

Pour les grandes espèces	60 cent.
Et pour les moyennes	50

Nota. C'est d'après ces données qu'on peut déterminer l'extension nécessaire aux couches sourdes.

10. — Au moment de transférer les plantes que cette couche doit recevoir, il faut ouvrir dans le terreau, les trous où elles doivent être placées, ce qui a lieu au moyen du déplantoir (1). (Pl. C, fig. 40.)

11. — Ce cylindre y est enfoncé par sa base et de toute sa hauteur. Le terreau qu'il retire est porté au tas de réserve. Tous les trous étant ouverts, la translation des plantes doit être opérée à l'aide du même déplantoir. On y introduit, par sa base, toutes les feuilles inférieures de la plante à enlever, en observant qu'elle soit bien au centre du cylindre, qu'on enfonce jusqu'à son bord supérieur, et l'on passe la truelle (pl. C, fig. 41), au-dessous de l'inférieur, jusqu'à son extrémité postérieure. C'est ainsi

(1) Ce déplantoir se compose simplement d'un cylindre en cuivre que j'appelle aussi de ce dernier nom.

qu'on enlève, une à une, les plantes, et qu'on peut les transporter à toute distance, et en toute sûreté, dans les trous ouverts pour les recevoir, et dans lesquels le déplantoir a un accès facile, pour y déposer la plante avec sa motte entière. L'y ayant introduit, il suffit de la moindre pression exercée sur la motte qu'il contient, pour retirer vide le cylindre. Il faut faire en sorte qu'elle descende un peu au-dessous de la superficie de la couche, et tout au moins, qu'elle ne la surmonte jamais. Aussitôt, à l'aide d'une mince et longue cheville, qu'on enfonce tout autour de la motte, on rapproche contre elle le terreau qui l'entoure, pour qu'elle y soit mieux jointe, et l'on comble, avec une poignée du même terreau, le peu de vide qui en est résulté. Ainsi, la translation de ces plantes a lieu avec autant de ménagements que de célérité. Enfin, un arrosage abondant, donné à l'aide du sproussoir, complète cette opération.

12.—C'est désormais de l'arrosoir qu'on fera usage (1).

13.—Il faut, de suite, couvrir chacune de ces plantes avec une cloche de verre jusqu'au lendemain, ou beaucoup mieux, si on le pouvait, avec un couvercle de toile gommée qui, embrassant toute la superficie de la couche, en conserve mieux la chaleur (2).

(1) La pomme de cet arrosoir doit être forée de très petits trous, mais seulement dans la moitié supérieure.—Il doit être peint en noir extérieurement, et tenu exposé au soleil, pour que l'eau qu'il contient y acquière plus promptement une température assez élevée.

(2) J'ai décrit à l'art. 8, la manière dont ce couvercle doit être formé. —Le cadre de celui-ci devrait être élevé d'un pouce de plus à sa partie postérieure pour faciliter l'écoulement des eaux.

14. — Ces plantes se ressentent si peu de ce déplacement, qu'il n'en est pas une sur dix qui, vingt-quatre heures après, présente quelque légère altération, d'ailleurs momentanée.

15. — Dès lors, la chaleur de cette couche récente excite mieux leur végétation, qui devient plus active.

16. — Après ce court laps de temps, on peut déjà les découvrir pour peu de momens, dès que les rayons du soleil peuvent les atteindre, et de nouveau avant son coucher; même pour tout le jour, si le soleil était peu chaud, l'air calme, et qu'elles n'en parussent pas fatiguées.

17. — Si la température de la nuit devenait froide, il y aurait avantage, si l'on ne pouvait substituer le couvercle de toile gommée aux cloches, de recouvrir celles-ci et l'entière superficie de la couche d'un épais tissu quelconque.

18. — Cette dernière partie de la culture préparatoire, ainsi disposée, assure les meilleurs résultats.

19. — Parvenues au huitième jour de la translation, les tiges de ces plantes deviennent rampantes, et de ce moment prennent un accroissement de plus en plus accéléré.

20. — Les derniers soins à leur donner jusqu'au moment du dépouillement sont simples et faciles.

21. — Il faut les arroser deux fois : à dix heures du matin et à deux heures de l'après-midi, selon le plus ou moins d'évaporation causée par le soleil; mais sans que jamais l'eau répandue pénètre au-dessous du lit de terreau.

22. — Si par l'effet d'un affaissement local, la superficie de la couche devenait inégale, il faudrait y porter quelques lignes de terreau et l'entretenir plane sur tous les points.

21. — Il faut aussi s'être muni de petits tronçons de chenevottes ou de brindilles quelconques de deux pouces de longueur, pour assujétir les stolones dans les directions qu'il importe de les obliger à suivre, afin de les maintenir à d'égales distances entre eux, et de prévenir qu'ils ne se surmontent les uns les autres, ni ne se croisent.

22. — Enfin, le jeune garçon qu'on chargera de cette tâche de chaque jour, aura soin encore de soulever, de temps à autre, les stolones, pour prévenir qu'ils ne poussent des racines, des nœuds d'opposition, des feuilles, ce qui nuirait à leur qualité.

23. — Ces soins faciles n'ont qu'un mois de durée.

24. — Une couche, à double rangée, de cinq à six mètres de longueur, plantée de grandes espèces, dont les stolones sont recueillis successivement, en produit assez pour pourvoir, en temps utile, à une plantation de 4,000 boutures, au moins, à raison de 100 plants par are (1).

Nota. Je reviens sur la distance à ménager, en pleine terre, aux plantes à courts traînants et stolonifères à traînants moyens. (V. l'art. 13.)

(1) L'are se compose de cent mètres carrés.

ARTICLE X.

Des motifs qui nécessitent la classification des diverses espèces d'ipomées-batates. — Du dépouillement des mères-plantes à courts traînants ou de deuxième classe, et, immédiatement après, de la transplantation de leurs tubercules. — De la plantation en cornets des drageons qu'on a détachés. — Des motifs qui rendent indispensable le mode de multiplication indiqué du plant de cette classe. — Et de la matière de détacher et sortir de la couche les cornets après la reprise des plants.

---

§ 1er. — Il était indispensable de former deux classes distinctes des diverses espèces de batates. Les grandes espèces stolonifères, telles que la grosse-blanche, la grosse-Robert ou de Cadix, la rouge d'Amérique et leurs congénères, doivent être multipliées par les boutures qu'on retire facilement de leurs stolones, ce qui n'est pas également praticable à l'égard des espèces à courts traînants qu'elles forment trop tardivement, et qui, d'ailleurs, sont trop et irrégulièrement articulés.

2. — C'est d'après ces différences très prononcées dans

la forme de leurs tiges et dans le mode de leur végétation, que j'ai cédé à la nécessité de donner à chacune de ces deux classes des dénominations qui rappellent leur manière d'être et l'emploi différent de leurs tiges, pour la multiplication des plantes, c'est-à-dire *stolonifères* et à *courts traînans* (on pourrait dire *drageonnifères*).

3. — Le mode de multiplication de ces dernières consiste à détacher des tubercules les jeunes pousses ou drageons (pl. B, fig. 29), et à les replanter séparément (1). Ce moyen de multiplication convient d'autant mieux, que les tubercules de ces espèces conservent mieux que ceux des autres la propriété de pousser de nouveaux drageons, lorsqu'ils sont replantés aussitôt après leur dépouillement (2).

4. — Ces explications font bien comprendre le besoin de replanter sur couche et sous vitraux, ces tubercules, pour leur assurer une température assez élevée, afin de hâter, le plus possible, la pousse des nouveaux drageons à en obtenir, jusqu'à la troisième fois (3) : la même couche pouvant y servir, à cause de l'augmentation de chaleur, à cette époque avancée du printemps, laquelle supplée au refroidissement de celle-là.

(1) Ces drageons n'acquièrent pas un développement uniforme : il en est sur le même tubercule qui ne s'élèvent pas au-dessus de quatre à cinq pouces, tandis que d'autres atteignent, en même temps, huit pouces de hauteur, mais qui sont également bons à être détachés et replantés.

(2) Je rappellerai qu'ils peuvent être replantés à la cheville dans la même bache et sur la même couche.

(3) Leur épuisement les rend propres à être replantés en pleine terre, s'ils se sont conservés sains, parce que, ne pouvant plus reproduire qu'un très petit nombre de tiges, elles s'affament moins.

5. — C'est pendant les derniers jours de mars que, sous le 44ᵉ degré de latitude, en France, le premier dépouillement peut avoir lieu pour ces espèces, et la transplantation en cornets des drageons.

6. — A cet effet, on aura creusé en terre, et à proximité de la bache, une fossette d'un mètre de profondeur, d'environ un mètre de largeur et de la longueur de la bache, où l'on aura dressé une nouvelle couche, semblable à celle de la bache et chargée d'un lit de terreau jusqu'au niveau du sol, mais seulement de 0,15 centimètres d'épaisseur, qui aura dû être plus fortement comprimé et ensuite *parfaitement nivelé*. Cette couche, qu'on peut restreindre selon le besoin, peut être garnie, en une seule matinée, de 500 à 600 plants. Elle doit être surmontée d'un cadre mobile en planches et ensuite recouvert de vitraux; ce cadre doit avoir la même déclivité que les châssis de la bache, et être assez élevé pour que les drageons les plus grands n'atteignent pas les vitraux. Les panneaux peuvent être tenus entr'ouverts, au besoin, par l'interposition de tasseaux. Enfin les vitraux seront recouverts, pendant la nuit, comme ceux de la bache, pour maintenir dans cette couche toute la chaleur possible.

7. — C'est sur ce lit de terreau, bien aplani, que devront être placés les cornets ou petits vases (1), contenant les plants à y enraciner mieux, jusqu'à leur reprise, ce qui n'exige que huit jours, si l'opération est bien faite, mais

(1) Ces vases (Pl. C. fig. 42) doivent être égaux en hauteur et largeur; mais c'est à cause de la difficulté de se les procurer tels dans beaucoup de pays, que j'ai dû les suppléer par des cornets de papier qui les remplacent avec d'autres et plus grands avantages.

dix ou douze, selon le plus ou moins d'entendement, de dextérité et de soins qu'on y apporte.

8. — Cette plantation en cornets des drageons, quoiqu'elle exige quelque attention de plus que celle de simples boutures, est néanmoins facile et expéditive, puisque deux jeunes filles un peu exercées peuvent planter 600 drageons pendant les premières heures de la matinée, c'est-à-dire jusqu'au moment où la présence du soleil produit déjà trop de chaleur pour continuer ce travail qui, pour être bien fait, doit commencer dès l'aube, et pendant que l'air conserve assez de fraîcheur aux plantules. Aussi a-t-on besoin quelquefois d'ombrager la couche d'une toile, en guise de tente, pendant la dernière heure de l'opération.

9. — Cette petite couche doit avoir été dressée et rendue prête vingt-quatre heures à l'avance.

10. — Le terreau à employer pour cette plantation doit avoir été passé au crible.

11. — Tout ayant été exactement disposé dès la veille, on sort successivement de la bache les mères-plantes. On détache des tubercules les drageons qui sont suffisamment développés, sans nuire à ceux qui le sont moins. On ébarbe les racines chevelues qui excèdent un pouce de longueur, et l'on classe les plantules suivant la longueur des tiges : les plus longues devant être placées en tête de la couche et par gradation jusqu'à l'extrémité de la partie antérieure, en terminant par les plus courtes. C'est en suivant cet ordre que l'opération non seulement n'exige pas plus de temps, mais qu'elle est plus facile et plus expéditive.

12. — Une fille prend un cornet de la main gauche, dont

les doigts soutiennent le fond, avec la droite elle le garnit de terreau, du tiers à moitié; elle y introduit le drageon à la profondeur convenable, et achève de remplir de terreau le cornet; elle redresse le plant et le soulève assez pour que ses racines ne soient pas pliées, et elle le fixe au centre du cornet, par une légère pression qu'elle exerce avec le doigt tout autour de la tige. A mesure que les cornets sont plantés ils sont reçus par un garçon, qui les range en lignes droites et se joignant par leur base, sur le plan de terreau préparé pour les recevoir.

13. — Deux filles diligentes ne sont pas trop pour occuper l'ouvrier qui range ces cornets.

14. — La superficie de la couche étant entièrement recouverte de ces plantules, il faut remplir de semblable terreau les vides entre les cornets et les parois du cadre en l'y faisant glisser à l'aide d'une sasse à court manche, en commençant par les bords et finissant par le centre : il faut avoir l'attention de ne pas enterrer les feuilles inférieures des plantules qui, si elles commencent à se faner, s'abaissent contre la partie supérieure du cornet.

15. — Les cornets étant nécessairement égaux et de même hauteur, recouverts de terreau jusqu'à leur bord, et le plan où ils reposent étant horizontal, la nouvelle superficie de la couche le sera aussi nécessairement. Là finit cette plantation. Il reste à l'arroser assez également et abondamment à l'aide de l'arrosoir, pour que l'eau pénètre également de tous les points de la superficie jusqu'à la base des cornets. Cet arrosage doit avoir lieu à plusieurs reprises; il ne s'agit plus que de placer les vitraux sur le cadre, de les recouvrir du drap de laine,

enfin et de surmonter le tout du couvercle de toile gommée (1).

16. — La chaleur de la couche tarde bien peu à se communiquer au terreau qui la recouvre : ainsi concentrée et graduellement croissante, elle contribue puissamment, avec la privation d'air et de lumière, à hâter la reprise du plant. Vingt-quatre heures après, on le retrouve vigoureux et dans un état de fraîcheur parfaite.

17. — Dès le troisième jour, au matin, il faut découvrir les vitraux, les entr'ouvrir un peu pour renouveler l'air et donner accès à la lumière ; on peut même faire profiter ces plants des premiers rayons du soleil, jusqu'à ce que, devenus plus chauds, les plantules commencent à se faner ; mais alors, et sans retard, il faut fermer et recouvrir la bache jusqu'au lendemain, que ces plants, ayant déjà poussé de nouvelles racines, ont à peu près fait leur reprise.

18. — On peut, de ce moment, entr'ouvrir les vitraux pendant un peu plus de temps le matin ; de nouveau le soir, et chaque jour de plus en plus, progressivement. Dès le huitième jour, les plantules seront bien végétantes ; au dixième, elles endureront, à nu, l'action de l'air et du soleil. Le soir de ce même jour et avant de recouvrir la couche de son appareil, il faut donner un arrosage complet pour que le terreau soit pénétré également une dernière fois. Le onzième ou le douzième jour au matin, ces prescriptions ayant été observées exactement, les plantules sont en état

(1) On peut, à cette époque, se servir de celui de la grande bache, laquelle peut déjà s'en passer.

de passer en pleine terre. Autrement on devrait attendre un ou deux jours de plus qu'elles fussent fortifiées pour bien résister à ce déplacement.

19. — La plantation en cornets des boutures stolonifères de toute espèce ne présente pas de différence, quant à la manière d'opérer, sinon qu'étant dépourvues de racines, elles sont plus faciles à planter en cornets ou en pleine terre, et qu'au lieu de 600 drageons, les deux femmes qui y sont employées peuvent facilement planter 1000 boutures, au moins, dans une matinée.

20. — Le moment de la translation de ces plantules étant venu, il faut enlever les vitraux et le cadre qui les supporte, et détacher, une à une, ces plantules avec leur motte. — Si le terreau dont elle est formée manquait d'humidité ou de consistance, il faudrait passer une lame de couteau entre les cornets et au-dessous, ce qui faciliterait leur extraction et préviendrait la rupture des mottes. Ces plants doivent être placés de suite dans des corbeilles, sur un lit de paille longue et élastique, dans lesquelles ils sont transportés sur le lieu de la plantation.

NOTA. Je décris, à l'art. 14, la manière d'ouvrir les trous dans la terre destinée à recevoir ces plants. — Dans un autre, le 11e, la manière de préparer les boutures stolonifères, et celle de confectionner les cornets.

ARTICLE XI.

De la manière d'opérer la section des stolones, des espèces de la première classe, pour donner aux boutures la forme et les qualités désirables. — Des avantages que présente ce mode de multiplication du plant. — De ces mêmes avantages, comparés à ceux que présente la multiplication par drageons. — De la possibilité d'employer aussi ce dernier mode de multiplication pour les espèces stolonifères, mais seulement dans la petite culture. — Enfin, et de la confection des cornets, des ustensiles qu'elle exige, et de la manière d'en faire usage.

---

§ 1er. — La bouture dont il s'agit est prise dans le milieu du stolone ; elle se compose de deux articulations, nœuds ou yeux ; elle est figurée (pl. B, fig. 22) : pour qu'elle ait la qualité nécessaire, elle doit provenir d'un stolone de bonne venue, suffisamment développé (1), qui ait végété avec druesse, et soit très parenchymateux. Les yeux de

(1) Pour les plus grandes espèces, les stolones doivent avoir atteint de 130 à 150 centimètres d'extension, et ceux des moyennes 1 mètre au moins.

cette bouture doivent avoir reçu un commencement de développement ; il faut lui conserver, avec l'œil supérieur, la feuille dans l'aisselle de laquelle il est placé, et au contraire, amputer l'œil et la feuille (1) du nœud inférieur (2), qui forment le talon de la bouture. Ce nœud doit être planté à la profondeur d'un pouce à un pouce et demi, en cornet comme en pleine terre. Pour que ces boutures aient toutes les meilleures chances de succès, elles doivent être prises au centre du stolone seulement : le talon de celui-ci étant déjà ligneux, sa pointe étant trop herbacée et ses articulations imparfaitement formées, il faut employer une lame bien affilée (pl. B, fig. 17), pour opérer les sections du stolone ; que la taille soit nette et horizontale, afin que le calus se forme plus facilement, pour qu'il en sorte des racines et souvent aussi des tubercules (pl. B, fig. 25). Enfin, on aura soin que la taille soit, à la pointe comme au talon, assez distante de chaque nœud, tout au moins d'un demi-pouce.

2. — Après de nombreuses expériences faites dans le but de pourvoir, par le moyen le plus sûr, à l'enracinement ou à la p us prompte reprise des divers plants de toutes les variétés d'ipomées-batates, j'ai dû me fixer à l'emploi du cornet comme le moyen le plus facilement praticable partout et le plus véritablement économique ; toutefois, si l'on se trouve en position de planter les boutures en pleine terre immédiatement, et au moins pour les espèces qui s'y prêtent le mieux et dont il convient d'ex-

(1) Cette feuille prend dès lors la dénomination de *feuille-mère*.

(2) En conservant quatre à cinq lignes du pétiole de cette feuille.

cepter la rouge-d'Amérique, son enracinement n'étant assez prompt que sur couche. Parmi les plus grandes espèces stolonifères que j'ai étudiées long-temps, ce sont la grosse-blanche, la grosse-rose et leurs congénères, dont les boutures s'enracinent mieux en pleine terre.

Nota. J'en parle plus explicitement dans l'art. 15 qui traite plus spécialement du mode de plantation dit *à-godet*.

3. — La multiplication par boutures à deux nœuds présente plusieurs avantages qui la rendent préférable ; c'est que le plant-bouture, si la plantation est traitée avec les soins et l'entendement nécessaires, conserve intactes ses premières racines, de quelque manière qu'il soit planté, en pleine terre ou en cornets ; et si c'est en pleine terre, immédiatement, les plantes qui en résultent sont, de fait, assimilables à toute autre plante venue de semence, sur place ; au lieu que le plant-drageon doit non seulement en pousser de nouvelles sur couche, mais courir les chances de son transfèrement en pleine terre, puisqu'il est à peu près impossible d'assurer et hâter assez sa reprise, s'il n'a été replanté une première fois en cornets (1).

(1) Un autre fait important, c'est que le drageon détaché du tubercule dont il était plus particulièrement alimenté, et dont il se trouve subitement sevré, en même temps que de ses racines, ne pourrait, replanté en pleine terre, que s'amaigrir et s'endurcir beaucoup jusqu'à sa reprise qu'on ne saurait assez hâter ; et la plante qui en résulterait serait trop altérée pour conserver toute sa fécondité. — La bouture à deux nœuds, telle que je la représente, n'a, au contraire, aucune crise à éprouver, comme bientôt je le démontrerai. Mais je dois faire observer que sa plantation en pleine terre immédiatement exige une climature assez favorable qu'on ne rencontre que rarement en temps utile, au-delà du 45e degré. — Cependant en 1834,

4. — Je fais observer de nouveau que la multiplication du plant par drageons, des espèces stolonifères, n'est pas impraticable, elle est seulement beaucoup moins avantageuse que pour les espèces composant la deuxième classe, soit parce que les tubercules de ces premières espèces poussent généralement moins de drageons, soit parce que ceux-ci sont moins enracinés et que les tubercules, après le premier dépouillement, mettent plus de temps à en pousser de nouveaux; enfin, et que les deuxième et troisième pousses sont de moins en moins nombreuses.

5. — Ainsi, pour obtenir deux cents drageons de la grosse-blanche, avant juin, il faudrait planter et cultiver douze bons tubercules qui, mis en bache au 1er mars, comme ceux de l'autre classe, ne donneraient au premier dépouillement que dix drageons l'un, terme moyen; ces mêmes tubercules, replantés de suite, emploieraient au moins trente autres jours à pousser de nouveaux drageons, moins nombreux de moitié et moins vigoureux, ce qui conduirait déjà à la mi-mai, et la troisième pousse, encore plus lente et moins productive, serait presque nulle et n'arriverait que trop tard. Au lieu qu'un seul tubercule, planté à la même époque et de la même manière, produit assez de stolones pour en tirer, avant la fin de mai, plus de deux cents excellentes boutures à deux nœuds (1).

je l'ai essayée avec plein succès sous le 49e, à Paris même, où la plantation eut lieu le 16 mai; et les plantes qui en provinrent, fructifièrent aussi bien que celles préparées en cornets.

(1) J'ai obtenu, en temps utile, assez de stolones d'un seul tubercule de l'espèce grosse-blanche, du poids de six onces environ, desquels j'ai tiré

6. — Je terminerai cet article par la description du mode de confection des cornets, et par l'indication et l'emploi des ustensiles qui y servent.

Mode de confection des cornets.

Quatre ustensiles sont nécessaires pour confectionner les cornets : le premier est un patron en fer ou en bois dur, de 6 à 7 millimètres d'épaisseur, dont la forme est la même que celle du papier préparé pour le cornet (pl. C, fig. 43); le deuxième est un emporte-pièce, pour ouvrir des trous sur ce papier (pl. A, fig. 16), préparation qui n'est pas indispensable; le troisième un cône en bois (pl. C, fig. 32), sur lequel chaque feuille doit être roulée et collée, par ses bords, au moyen d'un petit pinceau; et le quatrième un autre ustensile en bois, composé de quatre

quatre cents bonnes boutures,—plantées *à-godets*, en pleine terre immédiatement, à la mi-juin sous le 45e degré, sans qu'une seule ait retardé de se bien enraciner.—La terre de cette plantation, peu propre au froment, pour cela, avait été, en octobre précédent, ensemencée en seigle et vesce hivernal, pour fourrage en vert. — Elle fut fauchée, déblayée, labourée, dressée et plantée dans la même journée. Ces quatre cents belles plantes occupaient chacune, il faut le dire, 1 m. 50 centimètres carrés de superficie, et produisirent, dans cette terre de médiocre qualité, vingt quintaux et quatre-vingts livres, marc, de tubercules de choix, bien conservables, ce qui est un peu plus de cinq livres par plante.—Une légère fumure, donnée à cette même terre, aurait indubitablement augmenté son produit de moitié.—Ainsi, et suivant cette donnée, cent ares de cette terre, amendée qu'elle eût été, auraient produit six cents quintaux de batates. — N'est-ce donc pas un grand service à rendre à tout pays où cette culture est facile, que de lui enseigner les moyens d'une telle reproduction ?—Que ceux qui s'en étonneraient vérifient par eux-mêmes, ils se convaincront que je suis loin de rien exagérer,

pièces de rapport, qu'on assemble, une à une, dans le cornet déjà commencé, pour plier son bord le plus large, et en former le fond (pl. B, fig. 32); et dont les quatre parties qui composent ce moule sont aussi décrites ci-après, savoir :

a. Pièce centrale, ayant, comme les autres trois, 0,13 centimètres de longueur, non compris le manche qui le surmonte, lequel a 0,10 centimètres de plus, et à la base duquel est placé un rebord en laiton, qui l'entoure et qui fait saillie horizontalement de 0,25 millimètres, contre lequel viennent s'appuyer les autres trois pièces qui, passées une à une par la partie la plus large du cornet, se réunissent et s'adaptent à la première et principale pièce, pour former un moule conique : cette pièce principale étant la première à introduire dans le cornet, et, comme les autres, par son ouverture la plus large.

b. Sur la gauche est la deuxième pièce, qui prend place ensuite.

c. Sur la droite la troisième pièce, qui prend place après la précédente.

d. Et sur le côté antérieur, la quatrième et dernière pièce qui, comme la clé d'une voûte, complète et consolide l'assemblage.

Nota. Le diamètre de ce cône ou moule, dans sa partie la plus large, celle qui est représentée, est la base sur laquelle le fond du cornet est formé, en y repliant la partie du papier qui dépasse la base du moule ; ce diamètre, dis-je, est d'environ 0, 06 centimètres ; ce qui rend possible que les plis de l'extrémité du cornet se surmontent et en composent le fond. (Pl. B, fig. 34.) Ce cornet ou vase conique étant ainsi formé, on le retient de la main gauche, et l'on retire par son manche la pièce *a* par le côté étroit; cette principale pièce étant sortie, les autres trois se disjoignent, sortent très facilement, et le cornet est achevé.

(Voyez le dessin de la feuille de papier telle qu'elle est préparée pour en former un cornet, Pl. C., fig. 43).

A. Extrémité formant la partie étroite du cornet.

B. Dix trous servant d'issue aux racines du nœud supérieur de la bouture à deux articulations, et dix autres trous pour le passage de celles du nœud inférieur.

C. Partie excédante du papier, servant à former le fond du cornet.

D. Parties latérales qui se surmontent, pour les coller ensemble.

Nota. Les vingt trous dont chaque cornet est percé, sont ouverts sur vingt-cinq ou trente feuilles à la fois, au moyen de l'emporte-pièce et d'un marteau dont on le frappe, jusqu'à ce que l'emporte-pièce atteigne la plaque de plomb sur laquelle sont placées les feuilles. (Les feuilles de papier sont d'abord découpées en fer ou en bois, par grand nombre à la fois.)

ARTICLE XII.

De quelques indices qui rendent probable le prochain retour du temps chaud, pour confier à la pleine terre, selon la latitude, la climature ou la position topographique, les plantes élevées sur couche.—Des températures souterraine et atmosphérique, nécessaires pour la végétation de ces plantes.—Et de plusieurs observations qui se rattachent à ces données principales.

---

§ 1er. — Chaque contrée de l'occident d'Europe est soumise aux influences d'une climature qui lui est propre, la caractérise plus ou moins distinctement, et qui, selon la nature des abris et des expositions qui s'y rencontrent, sert de donnée principale pour déterminer l'époque où les plants de batates peuvent être confiés à la pleine terre.

2. — Chaque situation présente aussi diverses observations à faire, dès les premiers jours du printemps, qui peuvent, par leur coïncidence, servir d'indices du prochain retour d'une température assez élevée et constante :

par exemple, le plus ou moins de durée ou d'intensité de froid, pendant l'hiver qui finit, et surtout la plus ou moins grande et actuelle abondance de neige sur les montagnes; le retour hâtif ou tardif de plusieurs espèces d'oiseaux de passage, et leur arrivée successive ou par grandes troupes; la sortie plus ou moins prompte de leurs repaires, de divers reptiles : couleuvres, lézards, gros crapauds des champs, etc., etc.

3. — Un retour de froid est plus à craindre dans les plaines de la Provence que dans des positions moins méridionales, mais plus éloignées des hautes montagnes. Le département des Landes et plusieurs parties de ceux qui l'avoisinent, sont, sous ce rapport, beaucoup plus heureux.

4. — Le cultivateur expérimenté et attentif, en quelque lieu qu'il se trouve, peut accroître pour lui le nombre des données qui servent à déterminer assez sûrement le moment de préparer les plants et celui de leur passage à l'air libre.

5. — D'autre part il importe de ne pas trop différer la plantation des boutures et drageons ni, par suite, la translation du plant enraciné, en pleine terre, lorsqu'elle a acquis la température nécessaire pour la végétation de ces plantes, c'est-à-dire 12 degrés au lever du soleil. Leurs progrès à l'extérieur, ne fussent-ils pas sensibles pendant les premiers jours suivants, cependant les plantules auront étendu leurs racines et la reprise aura eu lieu. On aura gagné du temps, et les premiers jours plus chauds qui surviennent rendent la végétation de ces plantes plus active, se trouvant plus aptes à endurer l'ardeur du soleil, et

l'aridité qui trop fréquemment l'accompagne, dans le voisinage de la Méditerranée.

6. — Presque toujours les plantations les plus précoces sont les plus productives et donnent de plus beaux produits. Cette observation est plus particulièrement applicable aux contrées les plus tempérées, car, sous le 44e degré, j'ai obtenu de la jaune-des-Indes, plantée le 23 juin, d'aussi beaux tubercules que de celles de ces plantes qui l'avaient été dans les premiers jours de mai.

7. — La plantation par boutures, en pleine terre, dite *à godets,* ne saurait absolument faire exception à cette règle, bien qu'elle exige, plus que toute autre, une température assez élevée et soutenue qui, dans les premiers jours, favorise l'émission de toutes ses racines à la fois, parce que chaque plant peut être totalement abrité et que son pied se trouve placé dans un milieu défendu contre un retour de froid momentané, quoique ordinairement ce ne soit pas avant juin que ce mode de planter présente toutes les convenances désirables, même sous le 44e degré, en France; en Italie, partie nord. sous le 45e; et avant le 10 de ce mois, dans nos départements de l'intérieur, du 45e au 47e degré, excepté peut-être dans les parties sud-ouest rapprochées de la mer, et toutefois si le temps n'était pas extraordinairement contraire.

ARTICLE XIII.

De la division de la terre à planter par ares carrés et de chaque are par planches, avant d'y ouvrir les trous destinés à recevoir les plantules enracinées sur couche et sous vitraux. — Et des espaces à ménager entre ces plantes, selon les espèces.

---

§ 1er. Je n'ai pas cru devoir établir de distinction dans les distances à fixer entre les plantes par rapport aux différentes natures de terres, quoique ordinairement les plus fertiles, les plus fraîches par leur composition, et surtout par leur situation, produisent plus de tiges et de feuilles que les terres sableuses, siliceuses, granitiques ou arides de leur nature, parce qu'il est beaucoup d'autres sortes de terres dont la composition et les qualités particulières ont sur la végétation de ces plantes des influences quelquefois très opposées à ces premières données, et que ce n'est que d'après l'expérience locale que chacun peut modifier les règles générales que je me borne à indiquer (1).

2. — Je ferai observer seulement que là où les tiges et les racines reçoivent moins de développement, on peut diminuer un peu la distance à ménager d'une plante à l'autre, et toutefois de telle sorte que les racines ne puissent se croiser.

3. — Deux de nos espèces, la rouge-d'Amérique et la jaune-des-Indes, peuvent ordinairement ne pas manquer de l'espace nécessaire, dans un are carré de superficie garni de deux cent cinquante-cinq plantes au moins, mais surtout de la première. Cet espace étant divisé en cinq planches égales, complantées carrément, chacune desquelles étant garnie de cinquante-un plants, réserve faite, dans cette superficie, des cinq sentiers qui doivent les séparer les unes des autres, savoir :

			Totaux,	
Les trois sentiers intérieurs, de	0 mèt.	45c. —	1 mèt.	30 cent.
Et les deux demi-sentiers extérieurs, de	0	30 —	0	60
Ensemble, ci			1	95
Il avance				5
Total			2	00

Ainsi, il reste 8 mètres d'espace occupé par les cinq planches, dont le cinquième, pour chacune, est de 1 m. 60 c.

(1) Par exemple, la batate de Malaga ne vient bien que dans une partie du terroir de cette ville, et ne réussit pas dans la plupart des autres terroirs du royaume, sous des latitudes également favorables. Je n'ai pu en

4. — L'intervalle de 50 centimètres est à ménager entre lignes intérieurement, et celui de 30 centimètres entre les lignes extérieures et le sentier, pour les trois rangées de dix-sept plantes l'une, dont chaque planche est garnie; ce qui forme l'emploi des 160 centimètres; enfin, et de 58 centimètres en ligne d'une plante à l'autre, sur la longueur de chaque planche qui est de 10 mètres, ce qui donne l'emploi de 9 mètres 86 centimètres. Mais en les plaçant en quinconce, ce qui réduit à cinquante le nombre des plants de chaque planche, chacun de ces plants, suivant cette dernière répartition, se trouvera distant de ceux qui l'avoisinent d'au moins 60 centimètres.

5. — Cependant, les plus grandes espèces stolonifères exigent un plus grand espace, soit à cause de la plus grande extension de leurs tiges, et de la multiplicité de leurs longs filets (1), soit aussi, le besoin de ramer une partie de celles-là, qui, ainsi suspendues, projettent beaucoup d'ombre; soit enfin à cause de la propriété qu'ont plusieurs de ces mêmes espèces de former, dans les terres très meubles et profondément remuées, leurs tubercules à une grande distance du collet (2), ce qu'on peut prévenir (ainsi que je le fais connaître à l'art. 3).

basse Provence en obtenir que de très rares produits. Peut-être réussirait-elle en Toscane, en terre d'alluvions, ou en Corse. En terre chargée d'oxide de fer, telle que celle où elle prospère près de Malaga.

(1) J'appelle de ce nom les brindilles dont les stolones principaux se ramifient.

(2) La rose-de-Cadix (pl. B, fig. 30), et plus particulièrement la grosse-blanche.

6. — Il est bien entendu que le rateau ayant été passé sur ces planches, leur superficie en sera rendue bien plane et, le plus possible, exempte de mottes.

7. — Enfin, si cette terre n'était préparée que depuis la fin de l'hiver, le râtelage aurait dû être pratiqué au moins quinze jours avant l'ouverture des trous.

ARTICLE XIV.

De l'ouverture des trous, en pleine terre, au moment d'y transférer le plant enraciné sur couche.—De la manière d'y transférer ces plantules emmottées.—Et de quelques avis sur cette opération.

---

§ 1er. La terre à planter ayant été préparée, comme je l'ai indiqué dans l'article précédent, il faut y marquer, au cordeau, la place de chaque trou à ouvrir et en quinconce. On se sert, à cet effet, de tronçons de baguettes quelconques qu'on enfonce, par un bout, sur le point même que chaque plante doit occuper; opération qui exige de la régularité, et qu'il faut confier à un ouvrier intelligent. Cet ouvrier, muni d'une tarière en fer (pl. B, fig. 35) (1), la pose

(1)

Longueur du fer de la tarière,	0 mèt.	18 cent.
Sa largeur,	0	09
Longueur de la branche jusqu'au manche,	0	36
Son diamètre,	0	015 mill.
Longueur de la traverse en bois,	0	48

Nota. En terre très sableuse, ces trous pourraient aussi être ouverts par un cylindre, comme celui qui est décrit dans l'article suivant, mais d'un plus grand calibre.

successivement sur chaque point indiqué par les jalons, et y ouvre un trou cylindrique assez profond pour y placer la plantule emmottée qui doit l'occuper, et pour qu'elle descende à quelques centimètres au-dessous de la superficie de la terre ou de son collet.

2. — Une jeune fille l'y fait glisser de la main droite, en s'y aidant de la gauche. — Un enfant qui la suit, portant un cabas rempli de terre criblée et mélangée de terreau, en répand à l'aide d'une sasse, et en proportion du besoin, pour remplir le vide circulaire, entre la motte et les parois du trou, et en recouvrir celle-là de quelques lignes. Une autre ouvrière étend, sur l'entour de la plante, ce peu de terre sortie du trou par la tarière, dont elle forme une petite digue circulaire d'un pied de diamètre, au centre de laquelle se trouve placée la plantule, ce qui empêche que l'eau d'arrosage ne s'épande ni ne s'infiltre trop loin de son pied.

3. — Aussitôt qu'une planche a reçu ces façons, on répand avec l'arrosoir et à plusieurs reprises, l'eau nécessaire pour baigner la terre, à la profondeur du trou, environ deux verrées, et ainsi successivement pour les autres planches.

4. — Chacune de ces façons successives devient facile, dès la première fois, aux jeunes manouvriers qui se les partagent : par cela que leurs soins sont toujours les mêmes, avantage qui résulte de la division du travail.

5. — Si le soleil est ardent, on doit cesser le transfèrement pendant le milieu du jour, et le reprendre vers quatre heures.

6. — Si la saison étaient avancée et le temps très chaud,

il faudrait consulter le baromètre, et s'il y avait lieu, profiter de l'approche d'une pluie, ou tout au moins, d'un temps couvert, qui faciliterait la prompte reprise des plantes.

7. — Si, au connaître, la translation avait lieu précocement, on choisirait une journée de douce température et de beau soleil, qui développerait dans la terre la chaleur nécessaire à ranimer les plantules et hâter leur rentrée en végétation.

8. — Enfin, si au moment du transfèrement, la température atmosphérique s'élevait au-dessus de 12° dès l'apparition du soleil, il serait mieux de ne commencer l'opération que vers la fin du jour, de quatre heures jusqu'à nuit close ; la reprise du plant en serait alors plus assurée et plus prompte.

9. — La translation de ces jeunes plantes ayant été faite avec les soins indiqués, une seule nuit suffit pour les bien asseoir, et c'est à peine si le lendemain on en aperçoit quelques-unes qui, au plus fort soleil, perdent de leur vigueur ; et l'humidité de la nuit suivante suffit toujours à les rétablir dans leur premier état.

10.—Les seules plantes exposées à languir sont celles dont la motte aurait été rompue, et comme cet accident ne peut être fréquent, il suffit de se pourvoir de quelques pots de terre cuite pour recouvrir, jusqu'à leur reprise, le petit nombre de ces plantules pendant deux journées.

ARTICLE XV.

De la plantation en pleine terre immédiatement, dite *plantation à-godets*, par boutures stolonifères à deux nœuds. — Des principes démontrés, d'après lesquels on a déterminé la forme donnée à cette bouture, et ce mode de planter, expliqué d'après les mêmes principes. — Et de la végétation progressive et accélérée de cette bouture, pour parvenir à l'état de cette plante organisée.

---

§ 1er. — Chaque nœud d'un stolone peut, sans nul doute, être considéré comme un germe, remplaçant une gemme de tubercule, et, jusqu'à un certain point, suppléant une semence. A défaut de celle-ci, ce n'est qu'au moyen de cette heureuse propriété, que la culture des batates peut, en tous climats, chauds ou tempérés, être assez utilement praticable en grande extension; mais plus particulièrement dans les contrées moins méridionales où ces plantes sont encore assez productives en pleine terre.

2. — Chacun des nœuds dont cette bouture est formée

(pl. B, fig. 24), a sa destination particulière : celui du talon, privé de son œil axillaire et de sa feuille, produit la radicule; l'œil du nœud supérieur et sa mère-feuille produisent la plumule et par suite les tiges.

3. — Cette bouture ainsi préparée, il suffit que son nœud inférieur soit placé dans la position la plus favorable à sa radication, en même temps que la mère-feuille et son œil axillaire se trouvent dans un milieu également conforme à leurs besoins, pour que la plante qui en résulte ait toutes les qualités nécessaires, et obtienne tout le succès désirable. Ces principes sont simples et tout aussi faciles à démontrer qu'à être bien compris, mais leur juste application a exigé et des réflexions et des recherches assez difficiles.

4. — Cette bouture, plantée à découvert, à l'époque la plus favorable à sa végétation et à son développement parfait, ne saurait réussir : le soleil déjà ardent au milieu du jour, fait bientôt faner la mère-feuille; réduite à cet état, le moindre hâle suffit à la dessécher, et alors la bouture est perdue sans retour. Il n'est point d'arrosage, pour répété qu'il soit, qui puisse prévenir ce résultat.

5. — Ce n'est qu'après beaucoup d'essais divers que j'ai été conduit à la recherche des moyens les plus propres à assurer facilement la réussite de cette plantation, la plus simple et la meilleure de toutes, dont les avantages de toute sorte ne laissent rien à désirer sous aucun rapport. Il faut bien comprendre que, pour que ce plant pût devenir une plante vigoureuse et aussi féconde que possible, IL FALLAIT PRÉVENIR QU'IL NE SE FANAT NI NE LANGUIT UN SEUL INSTANT.

6. — Il exige donc les circonstances les plus heureuses pour que sa sève entre en mouvement, AUSSITÔT QU'IL EST PLANTÉ, et c'est ce qu'on obtient par l'emploi du petit vase sans fond que je nomme godet (pl. C, fig. 46). Cet ustensile de terre cuite est très peu dispendieux (1); la légère avance qu'il occasionne est si largement compensée par l'économie de temps et de soins qu'elle procure, qu'on peut affirmer avec toute certitude que les avantages qui résultent de son emploi, sont, dès la première année, bien plus évaluables que le seul premier débours qu'il nécessite, puisque, au moyen de cet appareil, un seul et faible arrosage suffit toujours à l'enracinement des boutures, et qu'ainsi on n'a jamais à craindre d'en perdre une sur cent, si ce n'est dans les terres infestées de courtilières, terres dont il faut éviter de se servir.

7. — Que la terre destinée à cette plantation ait été préparée dès l'automne ou seulement depuis peu de jours, on y ouvre, au cordeau, aux distances voulues, et à l'aide d'un petit cylindre en laiton ou en tôle, parfaitement polis à l'intérieur et dont la forme et la dimension sont indiquées (pl. C, fig. 45), un trou perpendiculaire. Ce tube, enfoncé avec la main, retire la terre qui y est entrée, et dont on le vide par le seul mouvement du poignet.

8. — Une ligne entière de ces trous, d'égale profondeur, étant achevée sur la largeur de la terre ou sur la longueur de l'une de ses planches, un jeune ouvrier ou

(1) J'en ai fait fabriquer en Italie, en Languedoc et en Provence : ils ne m'ont pas coûté au-delà de 30 fr. le millier; et le prix serait moindre s'il en était demandé un très grand nombre.

une jeune fille précède le planteur, et remplit ces creux de terre, mélangée de terreau et fin criblée.

9. — La bouture récemment taillée ou conservée bien fraîche, est très facilement plantée au centre de ce trou qu'on vient de combler, où on l'enfonce, sans nulle résistance, d'environ 0,06 centimètres, un peu plus ou moins, selon la longueur du talon et de l'intervalle qui sépare les deux nœuds, et l'on presse du doigt le terreau qui entoure le pied de la bouture. Aussitôt après on la recouvre d'un godet, en y introduisant d'abord, à l'aide de deux doigts, la mère-feuille et la tige ensuite. Celle-là, pour large qu'elle soit, trouve au centre du godet l'espace nécessaire pour se développer, et si quelquefois le pétiole était trop long, et qu'elle s'élevât jusqu'à l'orifice, on pourrait la couvrir d'un fragment d'ardoise ou de tuile pendant les premières vingt-quatre heures, ce qui n'est pas indispensable.

10. — Le godet ne doit point être pressé contre terre; il suffit de l'y placer verticalement.

11. — Incontinent on rassemble tout autour assez de terre émiée et fraîche, dont on le recouvre jusqu'à la cime, en donnant à ce rechaussement la forme d'un cône à large base; un jeune garçon pare de ses mains et achève d'arrondir ce mamelon dont le godet reste entièrement couvert, afin de conserver à la bouture assez d'humidité durant le jour, et pendant la nuit une température plus soutenue; enfin, on verse doucement, par l'ouverture du godet, assez d'eau pour baigner à fond le pied de la bouture, en évitant que sa feuille ne soit refoulée ni surmontée par l'eau qui la salirait, la terre quelquefois ne s'imbibant qu'avec lenteur.

12. — Cette opération, qui se divise en six diverses façons successives, est confiée aux trois ouvriers qui se succèdent promptement. Elle est également facile et expéditive.

13. — Le maître-ouvrier plante, place les godets et arrose; les autres façons, et au besoin l'arrosage, sont confiées à une fille et à un jeune garcon qui se les répartissent suivant les convenances.

14. — En telle position, la bouture ne manque d'aucune des conditions nécessaires à sa plus prompte réussite, elle ne peut que prospérer; son pied est pourvu de ce degré d'humidité dont le nœud a besoin pour s'attendrir, gonfler et pousser des racines. La feuille, le bouton axillaire et la tige, sont à l'abri du hâle, de l'ardeur immédiate du soleil et, au besoin, de l'excessive fraîcheur de la nuit, sans néanmoins manquer absolument de la lumière nécessaire.

15. — A cette époque le soleil est déjà assez élevé pour frapper de ses rayons l'entière circonférence du mamelon et développer à son centre une température d'au moins 18 degrés pendant le jour, et qui ne descend pas au-dessous de 12 degrés pendant la nuit, laquelle suffit pour exciter puissamment le mouvement de la sève. Les vapeurs douces et humides, et les gaz nourriciers qui se dégagent de ce milieu, en s'élevant du pied de la bouture, traversent incessamment le godet qui leur sert de conducteur, et ont pour premier résultat de maintenir fraîche et vive la mère-feuille et les autres parties de la bouture, et, dès le premier moment, de la pourvoir abondamment du premier et plus nécessaire aliment; en un mot, de rendre aptes ses

parties extérieures, à entr'aider son pied à émettre des racines, pour que celui-ci entre aussitôt en végétation. Ainsi, dans le moins de temps possible, la bouture devient plante organisée.

16. — Il arrive quelquefois que l'humidité de ces vapeurs détermine la sortie de plusieurs racines du nœud supérieur de la bouture, lesquelles s'allongent verticalement vers la terre, parviennent même à l'atteindre et à s'y implanter avant qu'on ne découvre la plantule.

17. — Huit jours suffisent, par la température ordinaire de cette saison, pour que la bouture ait assez étendu et multiplié ses racines, et que l'œil axillaire se soit assez développé pour que le jeune plant puisse se passer de l'appareil qui l'entoure.

18. — Après avoir abattu le cône dont le godet est enveloppé, on l'enlève, mais avec précaution, s'il adhère fortement à la terre.

19. — Le planteur chargé de ce soin est suivi d'un jeune garçon qui, pourvu d'un cabas contenant de la terre criblée et fraîche, mélangée de vieux terreau, en porte assez au pied de chaque plant, au moment même qu'on le découvre, pour que le nœud supérieur de la plantule en soit recouvert et surmonté de quelques lignes : ainsi, les rudiments de racines, ou celles déjà formées qui seraient sorties de ce nœud, sont de suite enterrées, et celles qui n'ont fait que de poindre se trouvent d'autant plus excitées par ce peu de terre très fertile et émiée, où, dès lors, elles plongent.

20. — Ce peu de terre amendée est aussitôt appuyé dans tout son entour par de la terre commune du champ,

prise dans les intervalles des plantes, et qu'on en retire avec une large houlette, au-dessous de la superficie, laquelle étant assez humide, s'émie facilement.

21. — Dès ce moment ces jeunes plantes sont en état de résister à toutes les influences de l'air libre et du soleil le plus chaud, et leur développement en devient rapide.

22. — N'ayant omis aucun des préparatifs que cette plantation comporte, et tout ayant été à l'avance bien disposé et ordonné, un maître-ouvrier, un garçon et une fille diligents, suffisent, ensemble, pendant ces longs jours, à planter mille à douze cents boutures par journée de travail de dix heures, de quatre heures à dix du matin, et de quatre à huit heures du soir.

25. — L'opération du découvrement et rechaussement est plus expéditive que celle de la plantation.

24. — On peut estimer qu'en ajoutant à la préparation des boutures les autres frais de main-d'œuvre et la valeur du terreau rendu prêt à employer, les deux opérations que je viens de décrire ne coûtent pas au-delà de dix francs par millier de plants, soit un centime l'un.

25. — Les principaux avantages de ce mode de planter sont de prévenir, mieux que par tout autre, toute perte de temps et tous soins ultérieurs.

26. — Cette plantation, ainsi soignée dans les premiers jours de juin (1), assure aux plantes toute la vigueur de végétation et toute la fécondité désirables.

(1) Dans les parties méridionales de l'Italie et en Corse, cette plantation peut ordinairement, et en toute sûreté, avoir lieu dès le commencement de ce mois; mais au nord des Apennins et en basse Provence la température, pendant la nuit, n'y est pas toujours assez élevée.

27. — Je dirai ici que la rouge-d'Amérique, sans être à exclure absolument de ce mode de planter, exigerait, pour réussir également bien, un second arrosage, à midi du sixième jour, et de conserver l'appareil jusqu'au treizième au matin.

ARTICLE XVI.

Du dépécement des mères-plantes stolonifères, après en avoir retiré les stolones propres à fournir les meilleures boutures à deux articulations.

---

§ 1er. — J'ai expliqué en quoi consiste la meilleure bouture à deux nœuds, mais je n'ai pas entendu qu'on ne pût utiliser d'autres parties des stolones et aussi celles que présente encore le pied des mêmes plantes : *les marcottes, les drageons* et *les crossettes*, qui peuvent aussi former d'assez bons plants.

2. — Ainsi, lorsque la saison est assez avancée pour ne pouvoir plus attendre avec utilité le développement des pousses tardives de ces plantes, il faut les déterrer et les dépecer.

3. — Elles offrent encore des plants, moins bons sans doute, mais dont on peut tirer parti dans une grande plantation.

4. — Ils sont de quatre sortes : les boutures à prendre à la partie supérieure des stolones, qu'on avait écartées

comme insuffisamment formées (pl. B, fig. 28); les crossettes enracinées, à prendre dans le talon des stolones (pl. B, fig. 27), qui sont de vraies marcottes; les crossettes non enracinées (pl. B, fig. 26), qui se rencontrent au centre des stolones et qu'on a dû mettre en réserve, lorsque le filet axillaire a depuis deux jusqu'à cinq pouces de longueur; enfin, et les drageons derniers venus, qui sortent du collet de la mère-plante (pl. B, fig. 29), à peu près semblable au drageon tuberculaire.

5. — Mais ces quatre sortes de plants doivent toujours être plantés séparément en cornets et sur couche, parce qu'ils mettent plus de temps à prendre ou refaire des racines, pour devenir également aptes à passer en pleine terre, où ils doivent aussi être plantés à part, vu qu'ils exigent un rechaussement plus soigné, et que c'est plus ordinairement des racines à provenir des nœuds que recouvre le buttage, que se développent les plus beaux tubercules qu'on puisse attendre de ces plants.

6. — Dans une grande culture, quoique inférieurs aux autres plants, ils ne doivent pas être perdus; bien traités ils sont encore assez productifs.

7. — Il en serait autrement, alors que par l'abondance des stolones, on aurait à retirer assez de bonnes boutures à deux articulations pour planter toute la terre préparée.

ARTICLE XVII.

Des moyens d'économiser les terreaux, la main-d'œuvre, le temps et les soins, dans une grande plantation.

---

§ 1er. — Lorsque la terre à planter a été bien préparée et qu'elle a le degré de fertilité désirable, soit naturellement, soit par les fumures dont on l'a enrichie, il est de l'intérêt du planteur d'épargner le terreau le plus possible. Il faut, à cet effet, s'être mis en mesure de n'en employer que cette juste quantité nécessaire à garnir l'entour des plants; mais cette économie ne peut résulter que des façons et des soins divers, dont les plants ont été l'objet précédemment.

2. — Si les boutures ont été bien taillées, si les drageons ont été détachés convenablement des tubercules, si la plantation en cornets, de ces plants, a été faite avec prestesse, pour prévenir qu'ils ne se fanent, si le papier dont ces cornets sont formés présente la résistance nécessaire (1), si les plants ont été classés convenablement dans

(1) Si la qualité du papier le rendait trop peu consistant, les cornets

la bache, si la couche a développé le degré de chaleur voulu, la reprise de ces plants aura été prompte; il sera facile de les extraire de la bache et de conserver intacte leur motte, contenant toutes leurs racines délicates; enfin, si les trous ouverts à la tarière l'ont été récemment et nettement, peu de terreau suffira, tout sera facile et célère, et la reprise des plantules, après leur translation, sera aussi prompte que sûre.

3. — Les autres économies seront la conséquence de ces premiers soins. Qu'on se persuade bien qu'en agriculture, le succès, en toute chose, exige beaucoup d'ordre et de soins bien entendus.

pourraient être enduits d'huile chauffée ou d'axonge fondue; la décomposition du papier n'en serait pas seulement retardée, mais il acquerrait la propriété d'adhérer fortement au terreau qui l'entoure et de rendre très consistante la motte de terre à conserver à la plante. — Cependant, il est mieux d'éviter ce soin difficile et désagréable.

ARTICLE XVIII.

Du sarclage.—Du placement des rames.—Du rechaussement des plantes. —Et d'un mode de fumure supplétive du terreau.

---

§ 1er. — Les labours ayant été faits comme je l'ai indiqué, et si l'on a eu l'attention de n'employer que des terreaux remaniés, et dépurés des germes d'herbes, le sarclage ne saurait être difficile ni dispendieux.

2. — Néanmoins, et s'il en était autrement, il faudrait extirper à la main les plantules d'herbes qui se montreraient au pied des plantes, avant qu'elles n'eussent pris trop de développement.

3. — Ce sarclage a lieu ordinairement un mois après le transfèrement des plants.

4. — On rebine aussitôt après dans les intervalles des plantes; mais la houe n'est point portée sur les parties sarclées.

5. — En mai-juin, la végétation de ces plants devient très-accélérée; leurs tiges s'abattent, commencent à ramper et recouvrent déjà l'entour terreauté de chacune.

7. — Le moment est venu de pourvoir de rames les plantes de grandes espèces stolonifères. Des branches provenant de l'émondage trisannuel des ormes, sont les meilleures ; elles affectent la forme de l'éventail, et les brindilles dont elles sont garnies soutiennent bien les nombreux filets des stolones, qui y profitent mieux des influences atmosphériques et des rayons solaires. La hauteur moyenne de ces rames pour les plus grandes espèces est de deux à trois mètres hors de terre. Il faut les rendre très pointues pour les enfoncer avec facilité, et les bien fixer afin qu'elles résistent à l'impétuosité du vent. Elles doivent être placées à neuf pouces du collet de la plante, et au nord.

8. — On ne doit y porter qu'un ou deux des principaux stolones, et seulement lorsqu'ils ont atteint plus de 60 centimètres de longueur.

9. — Un seul suffit, s'il se fait distinguer par son plus grand volume et sa végétation plus active.

10. — On laisse ramper les autres jusqu'au moment où la terre en est trop recouverte.

11. — Aussitôt que la totalité des rames est garnie de stolones, il importe de procéder au rechaussement des plantes, avant que la partie à recouvrir des stolones ramés ne se soit durcie.

12. — Cette opération est d'autant plus nécessaire que la terre est moins pourvue des qualités convenables.

13. — Si elle était trop siliceuse ou aride, il serait bien d'avoir préparé auprès de la plantation, et sur plusieurs points, une terre composée et passée à la claie, destinée à garnir le pied des plantes et qu'on mélangerait de terre argileuse.

14. — Si, au contraire, l'argile y abondait trop, le mélange aurait lieu avec de la terre siliceuse; enfin, et si la terre manquait de fertilité, on y comprendrait une partie de terreau.

15. — Ce rechaussement n'a pas seulement pour objet d'entretenir la fraîcheur autour du pied des plantes, mais aussi de provoquer la sortie de nouvelles racines des deux premiers nœuds recouverts des stolones ramés, et d'en obtenir souvent les plus beaux tubercules.

16. — D'ailleurs, ce surcroît de main-d'œuvre a encore pour résultat ultérieur d'amender cette terre pour les cultures suivantes.

17. — Autrement, et si la terre avait toutes les qualités désirables, on aurait dû séparer les séries de cinq planches contenues dans chaque are, de sentiers assez larges pour y trouver la terre nécessaire au rechaussement. L'opération en serait d'autant plus facile et expéditive; et ce dernier mode serait préférable à tout autre, si la plantation avait lieu dans une terre basse ou dont le sous-sol fût naturellement frais, ou si le pays était sujet aux orages.

18. — Ces sentiers rendus profonds et régulièrement aplanis, faciliteraient l'écoulement des eaux pluviales surabondantes.

19. — Enfin, si l'on était dépourvu de terreau et que la terre fût insuffisamment fertile, on suppléerait à ce défaut par un arrosage engraissant.

20. — Dix kilogrammes de fiente de pigeons ou de poules, pulvérisée et délayée dans deux cents litres d'eau, mise à fermenter pendant huit à dix jours, fortement *mouvée* matin et soir, est un puissant véhicule de la végé-

tation de ces plantes, en même temps qu'un engrais fertilisant pour un millier de plants, soit quatre ares de plantation. C'est au centre de ces quatre carrés que l'urne ou le tonneau contenant ce liquide doit être placé. On le passe au tamis de crin, pour en extraire les parties grossières, et on l'étend d'eau pure en quantité nécessaire à l'arrosage, qui a lieu la veille au soir du rechaussement à opérer, arrosage qui ne s'étend qu'à quelques pouces du collet des plantes.

21. — On ne saurait se figurer quelle fertilité la terre en reçoit et en conserve, même pour la culture suivante.

ARTICLE XIX.

Du besoin démontré de ramer un ou plusieurs stolones des espèces à longs traînants, et du moment où ils doivent être portés sur les rames.—De l'effanage tel qu'il est pratiqué dans les régions tropicales, et des modifications à y apporter dans les climats tempérés, pour en obtenir l'utilité désirable.

---

§ 1er — On croira facilement que, dans les plus chauds climats où les batates prospèrent avec la plus grande facilité, on est loin de penser que des rames soient utiles à cette culture. On y a reconnu seulement la nécessité de rechausser ces plantes ; et c'est une façon qu'on pratique dans beaucoup de contrées où la terre est aride ou très siliceuse ; mais partout les stolones sont rampants et parviennent promptement à recouvrir entièrement la terre.

2. — Là, l'effanage ou la suppression de tous les stolones, en même temps, a lieu deux ou trois fois dans l'espace de quatre mois à des intervalles divers, et suivant le besoin qu'on a de les utiliser (1).

(1) On y plante aussi la batate pour en receuillir l'herbe, essentiellement pour la nourriture des animaux.

3.— On ne saurait mettre en doute que ce mode d'opérer ne soit excessivement préjudiciable au produit essentiel de ces plantes ; mais tel est l'empire de la routine ou de l'habitude, en tout ce qui se rapporte à l'agriculture, que de l'équateur aux pôles, on peut établir en fait, qu'un mode de culture, quel qu'il soit, une fois adopté et consacré par l'usage, dans une localité quelconque, y obtient aussitôt force de loi, et que tous les efforts qu'on peut faire ensuite, pour en substituer un meilleur, ou seulement y apporter quelques changements, sont le plus souvent impuissants (1).

(1) Il est très vraisemblable que les fonctions que les feuilles remplissent dans la végétation varient suivant les époques plus ou moins avancées de la croissance des plantes ; que leur organisation se modifie et se perfectionne à mesure de leur durée, en les rendant plus propres à coopérer diversement, à chacune de ces époques ; et que ces fonctions sont toujours coïncidentes avec les besoins périodiquement variables des plantes..... Si l'on ne peut douter qu'elles ne soient les organes destinés à opérer la combinaison des gaz atmosphériques qu'elles absorbent, avec les sucs séveux qui s'y portent, cette combinaison ne doit-elle pas être tout autre au moment où toutes les parties de la plante concourent, de concert, à l'accroissement, et bientôt après à l'élaboration des tubercules, qu'alors que ces feuilles ne contribuent encore qu'au développement de ses autres parties ?— Ne sait-on pas, par les expériences les plus certaines, que les feuilles, avant leur parfaite organisation, exhalent moins d'oxigène que lorsque leur développement est complet ? Ce ne peut donc être que pendant les dernières périodes de la végétation, que les feuilles, en décomposant une plus grande quantité de gaz acide carbonique, mettent à nu et fournissent à la sève une plus grande abondance de carbone, une des substances les plus nécessaires à l'organisation des plantes et de la plupart des fruits, et par conséquent des nombreux et volumineux tubercules de la batate, composés en très grande partie de substances amilacée, saccarine et mucilagineuse.—Si les animaux sucent, en naissant, un lait d'abord peu consistant, mais de plus

4. — C'est donc au moment de l'introduction de la culture d'une plante nouvelle qu'il faut ne rien négliger pour mettre en pratique la méthode la plus conforme à ses besoins, sous le ciel et sur le sol nouveaux où elle se trouve transportée.

5.—Toutes les observations démontrent pleinement que cette suppression totale des traînants, telle qu'on la pratique incessamment, est d'autant plus nuisible que les climats sont plus méridionaux ; vu d'ailleurs que les terrains légers y sont préférablement employés à la culture du plus grand nombre d'espèces de batates ; que là les plantes ont plus besoin d'être soustraites à l'ardeur desséchante

en plus rendu substantiel et nourrissant, à mesure de leur accroissement et de l'augmentation de leurs forces ; et, si ensuite ils ont besoin pour prospérer, d'aliments plus abondants et plus solides, est-il présumable que les végétaux puissent être bien alimentés à toutes les phases de leur végétation, par une sève également composée, et dont les éléments se combineraient entre eux en d'égales proportions ? non sans doute ! — Ainsi, selon ces données et cette analogie, la suppression totale des tiges et des feuilles d'une plante, quoique promptement remplacées par de nouvelles, ne peut moins faire que de causer une grande crise, d'entraîner à un grand désordre dans l'économie végétale de cette plante ; mais surtout lorsque cette suppression est répétée à d'aussi courts intervalles.—Non seulement il en résulte interruption ou ralentissement dans la végétation, retardement dans le développement de ses autres parties, mais l'insuffisance et l'imperfection des nouvelles pousses, pour la formation et la combinaison de sucs appropriés aux besoins actuels de la plante, doivent faire que les fruits qu'elle produit, imparfaitement développés et élaborés, sont nécessairement privés des meilleures qualités qui leur sont propres ou, tout au moins, ne réunissent pas toutes ces qualités à un même degré de perfection que si la plante avait conservé ses premières tiges ; et que les tubercules produits sont beaucoup plus difficilement conservables ; ce que j'ai très exactement vérifié.

d'un soleil brûlant, et que rien n'y peut servir plus efficacement que cette couverture vivante, toujours fraîche, composée d'un épais tissu de longs traînants surmontés de larges et innombrables feuilles, qui appellent et condensent, pendant les nuits, l'humidité de l'air.

6. — Peut-être doit-on rapporter la pratique généralisée de ce pernicieux usage, à cette observation vraie, que sur les terrains bas et frais, ces tiges rampantes très multipliées ne concourent pas à la multiplication et à l'accroissement des tubercules ; c'est qu'en ce cas, l'épais ombrage et l'humidité résultant de ce feuillage touffu, et adhérant à la superficie de la terre, favorise la sortie d'une multitude de racines des nœuds d'opposition des feuilles, de l'aiselle desquelles se développent des myriades de *fillets* formant autant de plantes distinctes, excessivement rapprochées les unes des autres, dont le seul résultat ne saurait être que l'épuisement de la terre, et aussi l'absorption des gaz atmosphériques, au préjudice des mères-plantes.

7. — Il est facile de reconnaître que chacune de ces nouvelles plantes ne conserve de relation avec la plante principale dont elle provient et dépend, que pour en obtenir la majeure partie de son aliment, qu'elle ne lui restitue nullement, et comme le nourrisson allaité par sa mère.

8. — Il suffit, pour s'en convaincre, de séparer d'un coup de serpette la partie d'un stolone bien enracinée : elle se fanera durant le milieu du jour, et son accroissement en sera considérablement ralenti. Et, au contraire, que si l'on détache de terre un stolone enraciné sur plusieurs points, en coupant rez-terre toutes les racines, il en éprouvera si peu de dommage qu'il continuera à végéter tout aussi bien qu'auparavant.

9. — Il importe donc de prévenir l'enracinement des stolones, si on ne les supprime pas, ou de n'effaner que partiellement ; et c'est à quoi j'ai pourvu, en plaçant une partie des tiges sur les rames.

10. — Ce n'est pas que le nombre ni la longueur des stolones, non plus que la multiplicité des racines chevelues, soient partout l'indice de la fécondité des plantes. On remarque, au contraire, que, dans de certaines sortes de terre où les tiges et les racines sont rares, ces plantes y donnent de plus abondants et de plus beaux produits. C'est ce qu'il ne faut point perdre de vue pour le choix des terres à destiner à cette culture.

11. — La beauté et le volume des plantes n'est donc pas toujours ce qu'il faut rechercher.

12. — Néanmoins, il est des compositions de terre où ces plantes ont une végétation assez luxueuse, et dont le produit souterrain est très satisfaisant ; et c'est dans celles-ci plus particulièrement, qu'il importe de les ramer, et, dans nos contrées tempérées, de supprimer les stolones rampants. Chacune de ces deux opérations étant faites avec l'entendement et les soins convenables, les tiges supprimées se trouvent bien suppléées par celles qui sont ramées.

13. — L'amputation et la récolte des traînants ne doivent avoir lieu, la première fois, que lorsque les principaux stolones portés sur les rames se sont assez développés, qu'ils s'élèvent déjà à quatre ou cinq pieds, et que la superficie de la terre est à peu près totalement recouverte par les autres.

14. — La taille de ceux-ci ne doit s'approcher qu'à huit ou dix pouces du collet des plantes, et il faut soulever les

talons conservés, s'ils se trouvent enracinés sur quelques points, mais sans les déchirer; ce qu'on prévient en coupant rez-terre les racines.

15. — Il faut ensuite extraire de la plantation les traînants retranchés et donner entre lignes un binage superficiel, pour détruire les herbes qui se seraient reproduites.

16. — Ces fanes sont un fourrage excellent si l'on est en mesure de le faire consommer en vert, avant de l'entasser, parce que, tenue en masses volumineuses, cette herbe, plus fermentescible qu'aucune autre, serait brûlée en peu d'instants.

17. — Cet effanage a pour premier résultat une grande augmentation de force végétative et de développement des tiges ramées qui, dès lors, augmentent de volume rapidement. Elles deviennent de vrais arbustes sarmenteux, dont la base, tout à fait ligneuse, obtient quelquefois jusqu'à 30 centimètres de circonférence (pl. A, fig. 7).

18. — Les talons conservés continuent à recouvrir, sans l'épuiser, cette partie de terre qui entoure le collet de chaque plante, où se forment les premiers tubercules.

19.—De ces mêmes talons, remis en parfait rapport avec les plantes dont ils dépendent, sortent de nombreux et nouveaux filets d'autant moins nécessaires que les tiges ramées suffisent, par leur correspondance avec le pied des plantes, au meilleur entretien possible des parties souterraines; et plus tard, on peut, sans aucun inconvénient, les retrancher comme la première fois.

20. — L'expérience démontrera toujours et partout, qu'un seul des premiers et principaux stolones, ainsi soutenu, contribue plus à la production et à l'accroissement

des tubercules, que ne le peuvent ensemble vingt autres abandonnés et rampants.

21. — On conçoit bien comment ces sortes d'arbustes, chargés d'une multitude de filets et de feuilles plus consistants, ont plus de puissance que des stolones rampants que les vapeurs de la terre brûlante, pendant le jour, et que l'abondance des trop fraîches rosées de la nuit, réduisent nécessairement à un état de faiblesse et d'étiolement excessif. Mais ce serait vainement qu'on essaierait de vérifier ces résultats comparatifs dans nos départements de France, à l'intérieur, où le soleil n'a ordinairement assez d'énergie que pendant un trop petit nombre de jours de leur été variable et fugitif.

ARTICLE XX.

Des plantations arrosables par irrigation.

---

§ 1er. La culture des batates, comme beaucoup d'autres, comporte le secours de l'irrigation dans certaines natures de terres, et dans les localités élevées, trop sujettes à l'aridité pendant les plus fortes chaleurs, et où l'arrosage est nécessaire ou seulement utile. Mais il doit être pratiqué avec les soins les mieux entendus.

2. — L'eau ne doit pas arriver au collet des plantes et ne pas être répandue sur l'entière superficie des planches.

3.—Celles-ci doivent avoir été préalablement aplanies, et des rigoles doivent ensuite y avoir été ouvertes, entre les planches ou dans les espaces qui séparent les lignes de plantes, et cela, selon l'espèce de sous-sol, ou de terre plus ou moins perméable : il en est où l'eau s'infiltre si facilement, qu'elle ne s'étend qu'à la longue aux parties latérales, aux rigoles (1).

(1) Il m'est arrivé en basse Provence que, dans une terre argilo-chys-

4. — C'est donc suivant les propriétés diverses des sols ou des terres, qu'il faut bien connaître, qu'on doit les préparer, et fixer le mode d'irrigation, comme aussi, selon la quantité d'eau dont on peut disposer : si elle est rare, il est mieux de n'arroser chaque fois que le nombre de planches qui peuvent l'être complètement, que de la répartir sur une grande étendue où elle n'atteindrait que la superficie.

5. — Que si les rigoles ne sont ouvertes que dans l'intervalle des planches, les sentiers doivent avoir assez de largeur, de même que les entre-lignes, pour pouvoir y établir ces rigoles. Ce surcroît de distance doit être tout au moins de l'étendue occupée par les rigoles : la profondeur et l'inclinaison de celles-ci doivent être réglées suivant la nature du terrain : s'il est très perméable, les rigoles doivent avoir plus de déclivité, pour que l'eau qui y est amenée les parcoure assez promptement et s'y infiltre plus également sur tous les points de leur étendue, *et vice versâ* avec des rigoles plus profondes et moins inclinées, pour que l'eau pénètre à loisir dans une terre trop compacte.

6. — Le pied des plantes ne doit pas être baigné ; il est mieux que l'humidité n'y parvienne que de proche en proche et de bas en haut : il suffit même que la partie inférieure où plonge l'extrémité des racines ne manque pas absolument de fraîcheur.

7. — Les irrigations, étant bien réglées, ne doivent pas être fréquentes. Elles ne doivent avoir lieu que du 1er juin à la fin d'août ; jamais plus tard.

teuse dont le *stratum* était purement schisteux et rocailleux, l'eau d'irrigation s'ouvrait des issues sur divers points, où elle s'infiltrait aussitôt pour s'engouffrer profondément, ce qui était un grand obstacle à un arrosement régulier.

8. — La chaleur étant excessive, c'est dès la fin du jour que l'arrosement doit commencer, pour que l'eau pénètre profondément. On peut le lendemain sonder le centre des planches avec une tarière, pour juger sûrement du résultat de l'arrosage ; l'eau à y employer doit avoir la température de 18° au moins. Il faudrait donc, si elle provenait d'une source trop fraîche, la retenir dans un réservoir où elle acquerrait celle de l'atmosphère, avant de la répandre.

9. — N'oublions jamais que la plupart des plantes tropicales sont organisées pour prospérer sans trop d'humidité, dont l'excès leur est toujours contraire, mais surtout à la qualité et à la conservation de leurs produits.

10. — Pour suppléer à des explications plus étendues, sur les distances à ménager entre les plantes ou entre les planches, dans une plantation à soumettre à l'irrigation, j'ai pensé devoir en tracer le plan (pl. C, fig. 39) où les dimensions de chacune des parties d'un carré de superficie se trouvent indiquées distinctement.

11. — Cet are carré ne contient que quatre planches au lieu de cinq, et chaque planche quarante-deux plantes au lieu de cinquante (1).

(1) Note explicative du plan précité. (Pl. C, fig. 47.)

a. Quatre rigoles principales, conduisant l'eau de carré en carré.	30	0,80
b. Deux rigoles latérales, extérieures, en totalité	24	65
c. Trois rigoles intérieures, *id.*	48	1,29
d. Huit intervalles, du sentier à la ligne de plantes qui y touche, *id.*	96	2,56
e. Quatre intervalles, entre les deux lignes extérieures, *id.*	168	4,52
Ensemble		9,82
Il avance		18
Largeur égale au carré		10,00

f. Les dix rigoles servant de sentiers dont la largeur est comprise dans les indications *b* et *c*.

ARTICLE XXI.

Des signes de maturité des tubercules, selon les climats; et dans les contrées tempérées, selon les espèces cultivées, la nature de la terre et son exposition.

---

§ 1er. Les signes de maturité varient beaucoup selon les climats différents, les différentes espèces de batates, les diverses natures de terre et d'expositions. Ils varient aussi, selon les saisons favorables ou défavorables d'un climat donné, et dans la même contrée; ainsi, les observations ne sont jamais aussi sûres qu'il serait désirable.

2. — Toutefois, il est certains indices caractéristiques qui aident à reconnaître si les plantes ont parcouru toutes les phases de leur végétation.

3. — Il en est un qui est plus apparent dans une terre profondément ameublée, et peu fraîche; dans les localités où les rosées sont peu abondantes, et dans les climatures où les pluies d'été sont rares ou de courte durée.

4. — D'ailleurs, ces signes ne sont pas exactement les mêmes pour les diverses espèces de batates.

5.—Un de ceux dont je viens de parler et que présente la rouge-d'Amérique, est le moins équivoque : ses tubercules étant formés tout près du collet de la plante, et le développement accéléré qu'ils reçoivent à la faveur des longues nuits de l'équinoxe, en soulevant la terre qui les surmonte, y occasionne des crevasses très apparentes et d'autant plus marquées, que la terre est moins friable, et que les tubercules produits sont plus nombreux et plus volumineux.

6. —Ce n'est pas en cela seulement que consiste l'indice de la maturité; mais lorsqu'à partir de ce moment, la température de l'atmosphère, et surtout celle du sol, sont encore assez élevées pendant une quinzaine de jours, on est assuré que ces tubercules, récoltés en temps sec et doux, sont mûrs et conservables (1).

7. — La jaune-des-Indes ne produit pas cet effet d'une manière aussi sensible, si elle n'est plantée dans une terre peu profonde ou assez compacte. D'ailleurs les tubercules, se formant moins près du collet, et à des distances inégales, n'ont pas un accroissement aussi égal et précipité; pour cette espèce, le signe de maturité le moins équivoque, c'est le dépérissement des feuilles caulinaires.

8.—La grosse-blanche, si elle ne végète au-dessus d'un sous-sol résistant, et si les sentiers qui séparent les planches n'ont été battus et fortement comprimés, ne saurait produire le même effet, parce qu'il est de sa nature qu'elle étende et enfonce ses tubercules à de plus inégales dis-

(1) Cette espèce est la seule, jusqu'à présent, dont j'aie obtenue des tubercules diversement variés (pl. A, fig 14 et 15), et dont les stolones se bifurquent quelquefois, comme ceux de la jaune-des-Indes. (Pl. A, fig.23.)

tances (1); mais à défaut de ce signe, elle en présente un autre également certain : c'est l'amincissement des pointes de stolones et de filets ramés, le rappetissement et la profonde découpure de ses dernières feuilles. (Pl. C, 1, 2, 3, fig. 37.) J'ajouterai que les tubercules récoltés avant maturité, tardent peu à se faner, à s'amollir, à diminuer de volume et de poids : mais cette remarque ne saurait précéder la récolte ; elle peut servir seulement à déterminer la limite jusqu'à laquelle une espèce donnée est assez utilement cultivable en pleine terre, et toutefois, lorsqu'on n'a rien omis de ce qui est assez facilement praticable, pour lui assurer, en des saisons ordinaires, la végétation la plus active et la plus prolongée.

9. — Il en est absolument de même à l'égard de la batate-Robert ou grosse-rose-de-Cadix ou de Malaga.

10. — Je ne hasarderai rien à l'égard de la grosse-mignonne que je n'ai encore cultivée que deux seules années et à Paris, où les observations présentent tant de difficultés (2). Cette espèce réussira bien sous le 44e et le 45e degré, à l'ouest de la France, et sera d'une grande fécondité en Corse, dans toute l'Italie, et beaucoup mieux dans l'Algérie.

11. — Quant à ce qui a lieu dans les chaudes régions, aux îles de France, Malaises et de Bourbon, par exemple,

(1) Plantée en terre bien préparée, les tubercules restent unis près du collet de la plante. (Pl. A, fig. 5.)

(2) Ces tubercules sont énormes, venus dans la basse Provence, et ses tiges grêles, de peu d'étendue, portent de petites feuilles très persistantes : ce qui m'a engagé à la nommer ainsi, ignorant le lieu d'où elle est provenue. (Voyez le résultat de 1837.)

les signes caractéristiques de maturité des tubercules sont bien plus positifs, et entre autres, lorsque les tiges et les feuilles de ces plantes cessent d'être lactescentes, et que les tubercules, si on les frappe, rendent un son particulier, qui indique sûrement que ces fruits souterrains ont atteint une maturité parfaite.

ARTICLE XXII.

De la récolte.— Des observations qui doivent en déterminer l'époque. — Des soins qu'exige le déterrement des tubercules et leur classement. — De l'emploi à donner aux plus petits et derniers formés, ainsi que de ceux endommagés et mutilés.

---

§ 1er. Il faut avancer ou retarder la récolte suivant que les saisons ont été hâtives, favorables et chaudes, ou qu'au contraire, elles ont été tardives, variables à l'excès, et trop tempérées ; selon aussi que les espèces cultivées exigent plus de temps pour accomplir leur végétation (1).

2. — Si l'on a planté aussitôt que l'état du printemps l'a permis, il est presque toujours profitable d'ouvrir la récolte avant l'arrivée des pluies équinoxiales : mais si ces pluies automnales étaient anticipées, il faudrait profiter du premier retour de beau temps, dont elles sont ordinairement suivies, et s'être mis en mesure de disposer de toute la main-d'œuvre nécessaire pour rapprocher, autant que

(1) C'est en n'arrosant que le moins possible qu'on hâte les phases de la végétation, et conséquemment la maturité des tubercules.

possible, le terme de cette opération, avant que la terre ne se fût trop refroidie.

3. — Les tubercules récoltés avant que la terre n'ait été profondément humectée, et pendant qu'elle conserve une température élevée, sont plus facilement conservables, et ont aussi plus de qualité.

4. — Le moment de la récolte étant venu, il faut ouvrir une tranchée large et profonde, selon les espèces cultivées, et sur le point le plus bas ou le moins facilement écoulable de la plantation. On effane par planche, ou par carré à la fois (1). Ensuite, on déterre les plantes une à une et par rangées, ayant toujours attention de creuser au-dessous du point où les tubercules descendent.

5. — Le chef ouvrier, pendant qu'il dirige et surveille le travail, soutient, de la main gauche, par le talon des fanes conservé, la plante qui est près d'être entièrement déterrée pour prévenir qu'elle ne soit entraînée par l'éboulement de la terre, et afin que les tubercules ne croulent au fond de la tranchée, et n'en soient endommagés. Ce chef ouvrier doit être muni d'une serpette bien affilée, pour couper les pédoncules de ceux de ces tubercules qui, s'étant formés à trop de distance des autres, doivent être déterrés séparément, et qui, autrement, feraient obstacle à l'enlèvement du groupe que composent ceux réunis près du collet.

6. — Chaque plante, ainsi déterrée, est passée avec précaution à une femme qui détache, l'un après l'autre, les tubercules, avec les mêmes soins, et en commençant par les plus volumineux, ce qui facilite le classement

(1) Il faut conserver une partie des plus fortes tiges, de huit à dix pouces de longueur.

qu'elle doit en faire, dans des paniers, par gros, moyens et petits. Il faut, à mesure, les exposer au soleil pour qu'ils se ressuient bien, avant de les porter au magasin. Cette ouvrière doit éviter, en les maniant, de rompre au rez du collet le pédoncule. Il doit être taillé à au moins un pouce au-dessus de sa base. Lorsqu'ils sont bien ressuyés ils abandonnent facilement la terre qui auparavant y adhérait.

7. — Récoltés avant midi, ils peuvent être rentrés le même jour, le soleil n'ayant pas cessé de se montrer ; mais déterrés le soir, ils ont besoin d'une autre exposition.

8. — Entrés au magasin, il faut achever de les nettoyer, à l'aide d'une brosse très douce, et en parfaire le classement. C'est alors qu'on met à part ceux qui sont défectueux, trop petits, et ceux qui sont endommagés par une cause quelconque.

9. — Peu de jours après, il faut les encaisser, ainsi qu'il est indiqué dans l'article suivant.

10. — Il faut pourvoir de suite à la consommation ou à l'emploi des tubercules mis au rebut, qui perdraient rapidement de leur valeur, quelques soins dont ils pussent devenir l'objet.

11. — Si l'on ne pouvait les consommer dans la huitaine qui suit la récolte, on les soumettrait à la fermentation pour en obtenir une boisson spiritueuse, ou bien on les ferait passer à la rape pour en extraire et le sucre et la fécule, opération dont il est parlé à l'art. 23.

ARTICLE XXIII.

De la conservation des tubercules, après récolte.

---

§ 1er. Règle générale, les batates ne peuvent être facilement conservées saines si elles sont venues sur couche ou dans la terre trop humide, pendant la dernière période de leur végétation, et si elles n'ont été récoltés avant d'abondantes pluies automnales.

2. — Il est vrai qu'en terre trop altérée elles n'acquièrent qu'un moindre développement, mais c'est le moyen le plus sûr d'en obtenir qui soient de bonne garde (1).

3. — Il faut donc hâter la consommation de celles qui ne présentent pas les qualités nécessaires à leur conserva-

(1) Il est quelques expositions très heureuses de la basse Provence, où malgré les pluies d'automne, des tubercules restés en terre après récolte, s'y maintiennent sains, et végètent bien au retour du printemps, ce qui assimile ces localités au climat tropical. C'est ce que j'ai observé en 1828, dans une petite plantation de M. Escoudier, dont j'ai déjà fait mention. Ainsi, là, il suffirait de garantir des pluies de la morte saison quelques carrés de plantation, pour récolter, l'hiver durant, comme on le fait des topinambours.

tion, si l'on ne souscrit à en perdre une plus ou moins grande partie.

4. — Ainsi, leur emploi ne devant pas être retardé, il peut y avoir avantage à les cultiver en terre un peu fraîche.

5. — Il ne faut encaisser ces tubercules qu'après qu'ils ont été bien ressuyés, pendant une semaine, et d'abord, exposés de nouveau, pendant un jour, à un bon soleil, ou en lieu clos, très sec et chaud.

6. — On peut les stratifier avec diverses matières les moins conductrices du calorique, et le moins possible fermentescibles.

7. — J'ai toujours facilement conservé ce petit nombre de tubercules indispensables à une bonne reproduction du plant, en les enveloppant chacun d'une feuille de fin papier sans colle, et ensuite stratifiés avec de la fine grenaille de pur poussier de charbon bien sec. Ce moyen n'étant ni commode ni facilement applicable, en grand, voici celui qui m'a également bien réussi pour en conserver d'assez grandes quantités, afin de pourvoir à ma consommation la plus tardive : je les ai stratifiés dans de petites caisses, pouvant en contenir cinquante livres au plus, avec toutes sortes de graines : de trèfle, de luzerne et de lin (1). A Paris je les stratifie avec la graine de millet, la plus menue, et je les place dans un local journellement chauffé et bien sec.

8. — Dans les parties méridionales de l'Italie, de la Provence et du Languedoc, il n'est pas nécessaire que ces caisses soient placées dans un local chauffé. Il suffit qu'il

(1) En Italie, mes grandes cultures nécessitant de grandes réserves de ces semences, j'en étais toujours abondamment pourvu.

soit sec, bien clos et situé à l'exposition méridienne, du moins dans les hivers ordinaires. Je ne l'affirme que d'après ma propre expérience dans ces mêmes contrées. Ce ne sont pas les seuls moyens de conserver ces tubercules, mais je crois qu'ils sont les moins difficiles et les moins dispendieux.

9. — Sous les tropiques on ne recourt point à de tels moyens; mais aussi on est obligé de consommer, pendant les trois mois qui suivent la récolte, la totalité de ce produit, pour éviter d'en perdre une trop grande partie : ainsi nous avons sur ces pays, par quelques soins faciles, l'avantage d'en prolonger la durée d'une récolte à une autre (1).

(1) J'ai cultivé, en 1834, au jardin botanique de Paris (carré Dalbret), quelques plantes de batates de l'espèce grosse-blanche provenue des îles du Cap-Vert. — Cette espèce demande une terre franche, et j'ai dû la planter au nord d'un massif de topinambours, en terre factice provenant de débris de démolitions, superficiellement bien amendée, il est vrai, mais dont le sous-sol n'en est rendu ni moins calcaire ni moins aride. — Elle exigeait une position ouverte et aérée, et la seule place où j'aie pu la planter, trop rapprochée d'une allée de vieux arbres, était recouverte de leurs têtes touffues. — Cet essai réclamait des soins assidus, mais, devant seul m'en occuper, et ma demeure étant à une heure de distance de ce jardin, je n'ai pu les visiter qu'instantanément, et de loin en loin, etc., etc.

Ces malheureuses plantes pouvaient-elles donc se trouver en plus mauvaises conditions?

Elles n'ont reçu que de faibles et rares arrosages jusqu'à la mi-juin, *afin d'assurer le résultat que j'avais en vue.*

On croira aisément qu'ainsi traitées, j'étais loin de viser à de beaux produits.

En cet état, et malgré l'excessive sécheresse de cet été extraordinaire, ces plantes ont pris assez de développement, et ont produit des tubercules bien mûrs : la preuve incontestable de ce fait résulte de leur longue conservation, ayant pu, quatorze mois après récolte, les représenter à MM. Newman et Delair, jardiniers botanistes de cet établissement, qui au besoin en témoigneraient comme d'autres personnes également dignes de foi. Ils diront qu'ils étaient aussi bien conservés que s'ils eussent été reproduits sous le ciel le plus favorable.—C'est à ces personnes que le droit bon sens voulait qu'on demandât des informations, sinon à moi, pour se former des idées vraies sur ce que j'avais fait; et non à gens de routine, trop dépourvus d'instruction pour pouvoir apprécier les intentions qui me dirigeaient... au lieu de me prêter, dans un rapport historique sur la culture, en France, des batates, publié naguère, d'absurdes théories! —Néanmoins mon but est atteint complètement; je voulais prouver que, sous cette latitude si reculée, l'espèce de batate qui exige le meilleur climat pour bien venir, est encore productive ici, et que ses tubercules peuvent y mûrir; enfin, et que ce que l'on fait difficilement sous le 49e degré, doit être très facilement praticable en Italie, et dans nos départements méridionaux.

Les lecteurs bénévoles ne sauront à quoi attribuer ces réflexions, qui doivent leur paraître étrangères au plan de cet ouvrage, mais pour quelques autres, elles auront leur juste portée!... Il n'est point indispensable pour être un bon agriculteur, d'être en même temps botaniste; mais on peut être un botaniste parfait sans pour cela être agriculteur.

ARTICLE XXIV.

Des diverses manières de faire cuire les batates.

---

§ 1er. — Il faut les laver à pleine eau, à l'aide d'une brosse, et les bien ressuyer, de quelque manière qu'on les fasse cuire.

2. — *A la marmite américaine, en fonte ou en terraille, munie d'une grille qui en isole du fond les tubercules :* on y verse plusieurs verrées d'eau, mais pas trop pour éviter que le bouillonnement n'atteigne le grillage. Les tubercules doivent y être placés de façon à ménager des vides entre eux, pour que la vapeur les atteigne également. On interpose un cordeau de linge entre les bords du vase et le couvercle qu'on charge d'un poids, pour concentrer autant que possible la vapeur. Ce vase doit être chauffé à feu clair, pendant environ trois quarts d'heure, si les tubercules sont récoltés d'ancienne date; et plus de temps si leur sortie de terre est récente; et aussi, en proportion de leur grosseur. On reconnaît qu'ils sont bien cuits, lorsque, percés avec une fourchette de fer à deux dents et

enlevés verticalement, ils s'en détachent par leur propre poids. Les batates, si elles sont insuffisamment cuites, ne sont pas bonnes; cuites de la même manière, mais sans eau, elles conservent tout leur arôme.

3. — *Sous les braises :* on étend sur l'âtre du foyer une couche de cendres brûlantes, de deux pouces d'épaisseur, au plus, sur laquelle les tubercules sont placés, les plus gros au centre; on les couvre d'un pouce de mêmes cendres, surmontées de plusieurs pouces de menues braises; après une demi-heure, s'ils sont récoltés depuis deux mois au moins, il faut les découvrir, les retourner sur place, un à un, et de suite les recouvrir de nouveau, comme la première fois, mais de cendres incandescentes et des braises les plus ardentes. Après quinze ou vingt minutes encore, ils sont bien cuits, s'ils ne sont très volumineux. Il faut les bien brosser avant de les servir.

4. — Les personnes qui les trouveraient trop sucrés, les arroseraient avec le jus d'orange, après les avoir ouverts par quartiers.

5. — *Au four de boulangerie :* enfourner les batates aussitôt après la sortie du pain; si elles sont récoltées depuis plus de deux mois, elles cuisent bien en trois quarts d'heure, et mieux que de toute autre façon. Retenues dans le four plus de temps, elles diminuent sensiblement de volume, mais acquièrent plus de qualité. Enfournées sur des plateaux de tôle, on les en retire très propres, et l'on est dispensé de les brosser.

6. — Je fais observer de nouveau que les personnes qui s'en nourrissent habituellement, estiment que toutes les espèces de batates perdent beaucoup de leur délicatesse à

n'être pas mangées dans leur état naturel, et que beaucoup d'entre elles préfèrent les manger refroidies.

7. — De toute manière, c'est peut-être la nourriture la plus saine et la plus agréable.

8. — Cependant, il n'est pas très rare, en tout pays, qu'on les assaisonne de bien des manières.

ARTICLE XXV.

De la floraison.

---

§ 1er. — Les botanistes ont pu écrire en France sur la floraison des batates de deux manières, d'après leurs propres observations dans les chaudes régions, et par souvenir ou d'après la représentation artificielle des fleurs, mais non que l'on sache jusqu'à présent (juillet 1835), d'après des fleurs naturelles, parce que jusqu'en 1824 la seule batate apte à fleurir ou qu'on était parvenu à conduire à la floraison dans nos contrées les plus méridionales, je l'avais seul possédée, et que seul, en 1828, j'en avais obtenu la fleur dans le département du Var, comme en Italie bien antérieurement. Ayant donné, dès lors, cette même espèce, la grosse-blanche des îles du Cap Vert, à M. Robert, directeur du jardin botanique de Toulon, situation qui lui convient mieux qu'aucune autre en France, il a dû plus facilement l'y faire fleurir de nouveau (1). La

(1) J'apprends (septembre 1835), que la batate Inane ou Igname (pl. C, fig. 38) introduite en France par M. Vilmorin aurait fleuri à Paris,

description que j'ai tâché de faire de cette fleur, en tête de ce manuel de culture, n'a rien de conjectural, ayant été faite sur des produits de pleine terre, obtenus tout naturellement.

2. — Les suppositions que, par suite, je crois pouvoir former ici, d'après ce fait principal, et les observations

par ses soins, cette année. Je n'ai pas vu cette fleur, et ne sais si on l'a décrite. Cette floraison est-elle naturelle sous cette latitude reculée? Je ne le pense pas. Ou bien a-t-elle eu lieu au moyen d'une couche et de vitraux? C'est présumable, puisque les plantes que je cultive en ce moment à de très chaudes expositions n'ont donné aucun indice de fleuraison. Il faudrait le regretter, parce que ces fleurs ne pouvant être obtenues sans le secours de la chaleur artificielle, les semences qu'on obtiendrait par ce moyen seraient moins aptes à produire des variétés disposées à s'acclimater chez nous. Mais je crois possible de les faire fructifier en pleine terre, à Paris, en des saisons très favorables. En tous cas, il y a lieu d'espérer que cette espèce fleurira naturellement et plus facilement que toute autre, dans nos situations les plus méridionales, et aussi, qu'elle y produira des graines; et, de ces graines, des variétés mieux appropriées à notre climat peuvent être obtenues.

Nota. Quelques premières données sur le produit souterrain, obtenu sous le 49e degré, et à obtenir ailleurs, de cette espèce, nouvelle pour nous, peuvent convenablement trouver place à la suite de la note ci-dessus; bien qu'on ne doive les considérer que comme une légère esquisse de ce qu'on pourra en rapporter ensuite, plus positivement. — Cependant, je crois ne rien hasarder en faisant connaître quelques premières observations : les plantes que j'ai passées en pleine terre, en 1835, du 1er au 15 mai, successivement, ont été également productives. — Elles ont bien résisté à l'abaissement excessif de température durant l'entière et dernière quinzaine de juin. — Les traînants de cette nouvelle espèce n'excèdent pas en longueur ceux des autres plantes de cette classe. — Ses tubercules sont nombreux, ils se rangent bien, et à peu de distance du collet, ce qui en rend facile le déterrement. — Ils sont moins inégaux entre eux que ceux d'aucune autre espèce. — Tout fait présager qu'en bonnes ex-

auxquelles il a donné lieu, ne sauraient justement paraître fondées sur des fantaisies spéculatives de l'imagination ni sur des principes incertains d'une théorie arbitraire, mais bien d'après des réalités qui peuvent toujours être reproduites et, de nouveau, soumises à l'examen (1).

positions, ils peuvent, sous cette latitude éloignée, obtenir assez de maturité pour se conserver long-temps et, peut-être, à une température moins élevée que d'autres.—Leur pédoncule étant allongé et mince, point filamenteux, non plus que les feuilles, se rompt avec une extrême facilité; ce qui exige plus d'attention pour prévenir qu'ils ne s'éboulent dans la tranchée, à mesure qu'on les découvre.—Ils résistent bien à l'excès d'humidité et d'abaissement de température pendant leur dernier séjour en terre, et sans un gonflement trop marqué des yeux, puisque les derniers que j'ai récoltés (5 novembre) ne marquaient pas plus d'altération que les premiers sortis de terre (18 octobre). — La cuisson a été également facile pour tous. —Ils sont moins sucrés et ont moins d'arôme que ceux d'autres espèces, mais leur pulpe est sensiblement plus fine; ce qui les rend préférables pour les personnes qui, la première fois, font usage de cet aliment.—En somme, cette espèce est plus rustique, plus appropriée aux contrées trop tempérées.—Sous cette latitude si reculée, et en des saisons si peu favorables, qu'elles n'ont pas présenté quatre-vingts jours de bonne végétation, le produit a surpassé mon attente; les douze plantes que j'ai cultivées sans aucun abri, néanmoins, ont donné chacune, terme moyen, trois livres de tubercules; plusieurs desquels, du poids de huit à dix onces, marc. —En terre de médiocre qualité, sous le 44e degré, on aurait obtenu de chaque plante, avec moins de soins encore que je n'ai pu leur en donner, vingt livres de beaux tubercules; et, en Italie, le produit serait certainement supérieur.—J'ai la plus intime conviction de ne rien annoncer qu'on ne puisse facilement réaliser.—Depuis un siècle, plusieurs grands peuples de l'occident d'Europe, auraient pu être mis facilement en possession de ces précieux végétaux; mais la sainte routine et une apathie bien coupable s'y sont opposées de concert. L'agriculture n'a pas de plus grands ennemis.

(1) Lorsque ceci a été écrit on doutait beaucoup de parvenir jamais en

3. — Je dirai que de toutes les espèces d'ipomées-batates que j'ai cultivées, celle que je nomme la grosse-blanche non seulement est jusqu'à présent la seule que je sois parvenu à faire fleurir, mais sans que la plupart de celles que je désigne ici aient jamais donné aucun signe de floraison. Et ce qui est très remarquable, c'est qu'elle est celle qui exige une chaleur plus intense et plus soutenue, dans une terre assez fraîche pour permettre l'entier développement de ses tubercules, et les amener à leur complète maturité.

4. — Cette observation indique que c'est bien moins l'infériorité de notre climat qui s'oppose à la floraison de plusieurs autres espèces, que leur organisation contraire.

5. — La grosse-blanche stolonifère pourrait servir de type à la classe dont elle fait partie, puisqu'elle se fait distinguer par la plus grande longueur de ses traînants, toutes les fois qu'elle végète en des natures de terre qui, sous ce rapport, lui conviennent, et que ses premières pousses ont été ramées.

6. — Je l'ai cultivée dans de certains sols, au nord de l'Italie, où chaque année quelques plantes s'élevaient de cinq mètres, et qui ne cessaient de s'allonger que par le trop grand abaissement de la température, vers la fin d'octobre.

7. Un Français, agriculteur, qui a séjourné dans l'archipel des Indes, m'a assuré que dans ces îles, cette même espèce, qu'il a reconnue facilement, y étend encore plus ses stolones.

France à conduire aucune de ces plantes à floraison. M. Bosc lui-même partageait cette idée. Il n'aurait point cru que j'avais fait fleurir la grosse-blanche en Italie, si je ne lui eusse remis, en 1825, une de ses fleurs en nature.

8. — Parmi une multitude de plantes de cette même espèce dont se composaient mes plantations sous le 45e degré un quart de latitude en Italie, j'ai eu à en remarquer une, particulièrement, qui, en 1824, ne cessa point de se couvrir des plus belles fleurs, de septembre à la mi-novembre, sans que les soins les mieux entendus et les plus attentifs aient pu me valoir qu'une seule de ces charmantes fleurs soit parvenue à nouer. La saison était trop avancée, le soleil avait trop peu de chaleur, et j'étais trop dépourvu des moyens de soustraire cette plante à l'abaissement de la température pendant la nuit.

9. — Cette admirable plante avait encore de remarquable que ses stolones étaient peu nombreux, plus rares que ceux d'aucune autre plante de même espèce. Elle se trouvait placée sur un point culminant qui, avant le nivellement de la terre, était recouvert d'un mamelon ou petit tertre conique qui, dès long-temps, n'avait été pénétré des eaux pluviales. Le déchargement de cette place, privée auparavant de tout contact atmosphérique, était d'autant moins fertile que le sous-sol était très siliceux.

10. — Et qu'on remarque bien qu'à cette même place, à peu près stérile pour toute autre espèce de plante, et où celle dont il s'agit était totalement privée de produit souterrain, ses tiges, bien que très extraordinairement courtes, étaient plus nourries et plus articulées que celles d'aucune autre de même espèce et totalement dépourvue de filets, avaient plus de diamètre, et portaient des fleurs à chaque aisselle. Cette anomalie ne paraît pas facilement explicable de prime abord.

11. — Cependant, elle me semble confirmer ce qu'on

rapporté de la floraison de plusieurs espèces d'ipomées-batates dans les plus chaudes régions (1).

12. — Ainsi, il semblerait que pour parvenir plus sûrement, dans nos contrées méridionales, mais insuffisamment chaudes pour amener, dès la première année, cette plante à la floraison, avant que le soleil n'ait trop perdu de son intensité pour la faire fructifier, il faudrait que plantée en terre peu substantielle, on la conservât plusieurs années, ce qui n'est pas sans quelques difficultés. On peut penser, suivant ces dernières données, que dans un tel climat, son aptitude à fructifier résulterait d'une plus longue durée de son pied et de ses tiges, devenues plus ligneuses qu'elles ne peuvent l'être après une seule année

(1) Un planteur de l'Ile-de-France, m'a rapporté que la floraison est d'autant plus abondante que les plantes sont plus anciennes, que la terre où elles végètent est plus épuisée, ou qu'elle est plus privée de culture ; ce qui s'observe dans les plantations abandonnées, après récolte, et dont les traînants sont nommés *vieilles cordes*. Cette personne m'a assuré que ce sont les espèces blanches qui fleurissent plus facilement, mais ce qu'elle m'a dit de la fructification, m'a paru si peu vraisemblable, que je m'abstiens de le révéler : d'ailleurs elle m'a avoué ne pas se ressouvenir exactement de la forme des semences. — A cette occasion, elle m'a parlé d'une espèce stolonifère, dont les tubercules sont violets intérieurement ainsi qu'à l'extérieur, qui fleurit presque aussi facilement que les espèces blanches, et dont la fleur aussi est d'un violâtre intense et éclatant. — Enfin, et entre autres espèces, d'une batate dont la pulpe est d'un jaune très foncé, laquelle lui a toujours paru être, par l'arôme particulier qui l'a fait distinguer, la meilleure qu'il ait eu occasion de connaître dans cette île et ailleurs.

Ce voyageur, en quittant Paris pour ces mêmes régions, en 1832, me fit espérer qu'il ne reviendrait en France qu'avec ces espèces diverses, des graines, etc., etc. Mais je l'attends encore.

de végétation, comme sous des influences plus méridionales encore.

13. — Peut-être, à l'aide de ce moyen, parviendrait-on à la faire entrer en floraison à la deuxième ou à la troisième année, mais non au-delà du 45e degré, à la faire fructifier.

14. — Très vraisemblablement aussi réussirait-on par ce même moyen, sous le 43e degré, à assurer le développement des ovaires, dès la deuxième année de végétation, essai qu'il serait bien facile de faire en Corse, en y maintenant des plantes en pleine terre, d'une année à l'autre (1).

15.—Les plus longs détails dont ce sujet est susceptible, quelque intéressants qu'ils soient, sortiraient du cadre que j'ai dû me tracer pour ce précis de culture pratique.

16. — Je dirai seulement, que conduire cette plante à la reproduction de quelques premières semences serait une belle victoire remportée (2). Ce succès ne serait pas moins brillant que véritablement utile. Ce serait une régénération complète. Les nouvelles plantes qui proviendraient de ces graines ne pourraient qu'avoir plus d'aptitude à fleurir et à fructifier que celles obtenues de tubercules. Confiées à

(1) Mais, pourra-t-on dire : à quoi bon aujourd'hui ces conjectures, puisqu'on a obtenu, à Toulon, des graines de cette plante ? — Ce qu'on a pu faire là, avec les ressources que comporte un jardin botanique bien organisé, est incomparablement moins facile, dans des positions moins favorables, pour les cultivateurs qui en sont totalement dépourvus. D'ailleurs, les semences qu'on obtiendra le plus naturellement, seront vraisemblablement celles qui donneront des variétés plus prononcées, et dont la culture plus facile, sera probablement plus productive.

(2) Je ne dois rien supprimer de ce que j'avais écrit avant le succès qui a eu lieu à Toulon, succès fort heureux.

des mains habiles, et traitées avec l'entendement nécessaire, elles nous vaudraient bientôt d'heureuses modifications, des variétés diverses, plus appropriées à notre climat. Alors, seulement, nous aurions fait en réalité un premier pas vers le but désiré, l'acclimatation de la batate sous notre ciel tempéré.

17. — Une telle conquête, outre la grande utilité qu'elle présenterait, nous vaudrait l'avantage de jouir des charmes d'une fleur dont la forme gracieuse, l'éclat de ses brillantes couleurs, et la délicatesse extrême, ne sont peut-être égalées par aucune autre du même genre, dont nos jardins sont embellis ; et bientôt, aussi, elle deviendrait dans les champs l'ornement le plus remarquable de nos cultures agrestes, du moins pour plusieurs de nos départements les plus méridionaux (1).

(1) Pourquoi modifierais-je ce paragraphe, écrit en 1835 ? Il ne dit que ce que je pourrais exprimer aujourd'hui en termes à peu près semblables.

CONCLUSIONS.

1er. Bien que j'aie tâché de ne m'étendre ni trop ni trop peu sur ce qui concerne la bache, les couches, la préparation des terreaux, la division des stolones, la formation du plant, son enracinement ou sa reprise sous vitraux, en un mot, tout ce qui est relatif à la culture préparatoire, où s'y rattache; peut-être ne serai-je pas exempt de plaintes contraires, à ce sujet. Dans les pays où les pratiques perfectionnées de l'horticulture sont en usage, on jugera que la plupart des détails assez minutieux, dans lesquels je suis entré, sont superflus; lorsqu'au contraire, dans les contrées les plus avancées au midi, où ces partiques sont généralement ignorés, on pourra les trouver insuffisants. Là, les saisons végétatives ayant plus de durée, étant moins irrégulières, on se dispense de tous les moyens artificiels, pour des cultures de grande extension, de diverses plantes tropicales, entre autres la pastèque et le melon. Ces plantes semées en pleine terre, sans aucun appareil, y viennent bien, mais non partout avec le succès désirable, ainsi qu'il est facile de le démontrer. Je dois donc prévoir que la majeure partie des cultivateurs de ces contrées, prétendront, bien mal à propos, assimuler la culture de la batate à celle de ces deux premières plantes, pour se soustraire de même aux soins d'une culture sur couche et sous vitraux ; mais je dois m'efforcer de les prémunir contre une résistance si préjudiciable dans ses résultats. Le tubercule de la batate a besoin pour bien végéter, d'une température plus élevée et plus constante que ces deux cucurbitacées. Les deux derniers mois de l'hiver, février-mars, n'amènent pas ordinairement une température assez haute et surtout assez stable, pour qu'on obtienne des mères-plantes en pleine terre, pour avril, époque où doit avoir lieu dans ces pays la grande plantation, des stolones assez développés et tels qu'ils conviennent pour fournir un plant assez nombreux, bien conditionné. Il ne faut point perdre de vue que c'est avant tout, de la bonne qualité du plant que dépend, en grande partie, le succès de cette culture. Ces observations, quelque évidentes et incontestables qu'elles doivent paraître, pourraient bien encore rester impuissantes contre la force des habitudes locales. Afin de rendre cette démonstration plus persuasive, je ferai remarquer aux récalcitrants, que la culture préparatoire ne serait pas moins nécessaire et profitable aux plantations de pastèques et de melons, presque partout et toujours très préjudiciablement tardives, surtout au nord des Apennins, où ces excellents fruits n'arrivent que beaucoup trop tard à maturité. En effet, il s'écoule plus d'un mois des fortes chaleurs, pendant que ces fruits sont partout vainement désirés et recherchés ; ce que l'on préviendrait, si au lieu de semer sur place, on se mettait en mesure de transférer, un peu plus tard, des plants plus avancés et mieux conditionnés, venus sur couche. Non seulement on obtiendrait de plus beaux et de meilleurs produits, et les diverses chances périlleuses auxquelles ces plantations sont souvent sujettes, seraient d'autant moindres. Il faut se bien persuader qu'on ne saurait trop hâter sous le ciel d'Europe, la végétation des plantes originaires des plus chaudes régions, soit pour en obtenir des fruits plus perfectionnés et moins tardifs, à consommer pendant le cours entiers de la seule saison qui les rend utiles et plus agréables que tout autre, soit pour rendre plus sûrement conservables ceux qui doivent être consommés plus tard, tels que les diverses espèces de batates.

2. — Les cultivateurs des contrées les plus méridionales de l'Italie et de France même, ne doivent point s'intimider de mes prescriptions à l'égard de la construction des baches, quant aux frais qu'elles occasionnent; parce que là, plus facilement qu'ailleurs, ils peuvent se réduire à un premier débours peu important; attendu qu'avec un peu d'intelligence et d'industrie, il est facilement réductible, pour ceux qui visent exclusivement à l'utile. Si j'ai bien pu, dans le département du Var, substituer des châssis de papier huilé à des vitraux, pour l'enracinement des plants en cornets, il sera toujours plus facile de le faire en Corse, en Toscane, dans les États Romains, à Naples, surtout en Sicile et en Algérie. Il suffit donc, dans ces pays, que les baches réunissent les conditions absolument nécessaires, et que les plantes et les plants, qu'on doit leur confier, y obtiennent constamment le degré de chaleur que j'ai indiqué; et qu'elles soient situées de manière à être toujours exemptes d'un excès d'humidité, pour qu'on en obtienne, en temps utile, du plant en abondance et pourvu des qualités désirables.

3. — Un des avantages notables que ma méthode présente, c'est entre autres la distinction bien marquée des deux sortes de plants, résultant du classement des espèces diverses en deux catégories, celle des stolonifères et celle à courts-traînants : les premières formant la première classe, dont la multiplication du plant a lieu par boutures à enraciner ; et les autres formant la deuxième classe, dont le plant se compose de drageons enracinés, qu'on détache des tubercules. J'ignore si cette distinction est observée sous les tropiques où l'excellence du climat admet pour la culture de ces plantes, des errements moins étudiés, mais souvent mal-entendus.

4. — J'ai néanmoins la conviction que, si ma méthode était substituée à leurs procédés, les produits qu'on y obtiendrait, seraient plus considérables non seulement en quantité, mais en beauté et en qualité, et qu'il en résulterait une grande économie de terre et de travail.

5. — Ces observations font bien comprendre que lorsqu'il s'agit d'introduire, dans un climat tempéré, la culture en pleine terre de plantes tropicales, les moyens d'y parvenir avec tout le succès possible, ne sauraient être les mêmes que ceux en usage dans les chaudes régions, mais qu'il est nécessaire de leur en substituer d'autres qui soient plus conformes aux besoins de ces plantes sous le ciel étranger où elles se trouvent transportées.

6. — Je signalerai aussi l'emploi du *godet* comme un moyen nouveau très appréciable, non seulement parce qu'il ne saurait être remplacé par aucun autre, avec autant d'utilité, pour la plantation immédiate en pleine terre par bouture, du plant stolonifère, mais aussi parce qu'il est

applicable à beaucoup d'autres plantes, et même à l'enracinement des boutures des plus grands arbres, et d'espèces qui, autrement, présentent le plus de difficultés, vu que cet appareil bien simple, est susceptible de diverses modifications qui le rendent plus spécialement propre aux différents végétaux à l'usage desquels on voudrait l'employer soit sur couche, soit en pleine terre.

7. — On peut bien penser que ce n'est pas sans beaucoup de difficultés, de tâtonnements et de recherches, que je suis parvenu à établir les règles qui m'ont paru les meilleures à suivre, pour la culture des ipomées-batates, n'ayant voulu les fixer qu'après avoir renouvelé mes essais dans beaucoup de terres diverses et à peu près sous les influences de toutes sortes de climatures et d'expositions, plus ou moins rapprochées ou éloignées de la mer, et sur tous les points d'une latitude qui comprend au moins sept degrés. J'ai reconnu que les positions élevées ne leur sont assez favorables que sous les influences immédiates de la Méditerranée ou des autres mers au midi.

8. — D'autres données me portent à croire que les terrains légèrement salins leur sont très propres. Enfin, d'autres observations m'ont fait connaître que ces plantes réussissent bien dans les terres volcaniques et quartzeuses, quoique leur végétation extérieure y soit moindre, et que si elles prospèrent généralement mieux dans les terres siliceuses et granitiques, c'est que ces espèces de sols sont plus accessibles à toutes les influences météoriques, ce qui indique le besoin de ne les planter en terres naturellement plus compactes, qu'après les avoir bien ameublées.

9. — Les essais en pleine terre, au nord de l'Italie,

m'ont été souvent difficiles à cause de l'insuffisante stabilité de température, et surtout par l'arrivée tardive du printemps, qui quelquefois n'est bien caractérisé que vers la fin d'avril, époque où le vent nord-est cessant de souffler, des journées d'été succèdent immédiatement à un froid aigu. Une transition si rapide abrège beaucoup trop les influences progressives du printemps. Ce qu'on n'a pu observer assez exactement pendant ce mois, ne peut être également vérifié en mai; il faut se reporter à un nouveau printemps, qui souvent amène d'autres contrariétés difficiles à prévoir; c'est ainsi que l'exacte connaissance d'un fait à constater, ou d'un principe à établir, exige le concours de plusieurs années, et qu'on n'y parviendrait point si l'on manquait de loisir ou de persévérance. Et comment s'affranchir d'une telle nécessité!

10. — Un tel obstacle n'est malheureusement pas le seul qui serve à expliquer pourquoi l'agriculture est moins susceptible de progrès rapides, de perfectionnements suivis et décisifs, que ne le pensent certains théoriciens.

11. — D'autres difficultés, particulières aux essais de culture des plantes qui forment le sujet de ce manuel, c'est que jusqu'à présent on n'a pu les reproduire de leurs graines (1), et aussi que leur produit le plus important n'étant pas apparent, on ne peut suivre le développement

(1) Malgré ce qu'on nous fait connaître du succès obtenu à Toulon et à Paris, il est à croire qu'il s'écoulera bien du temps avant qu'ailleurs d'autres de ces plantes et celles-là même aient fructifié naturellement sur divers points méridionaux, et qu'on soit parvenu à obtenir des variétés plus utiles, ou dont la culture soit rendue plus facile que celle des plantes que

des tubercules, ni observer leurs progrès, non plus que juger du résultat total qu'au moment de la récolte. Quoique je sois parvenu par des moyens difficilement praticables, à me rendre périodiquement témoin de ces progrès, et que j'aie pu reconnaître qu'ils sont d'autant plus rapides que les premières nuits d'automne, en septembre-octobre, ont plus de durée, peu de cultivateurs seraient disposés à s'assujétir à de pareilles observations.

12. — Enfin, que chaque espèce de batate ayant des besoins et un mode de végétation différents, et réussissant mieux ou moins bien, dans certaines compositions de terre, que telle ou telle autre espèce, exige une étude distincte, en même temps qu'il est nécessaire de les assimiler toutes, quant aux besoins et aux règles de culture qui leur sont communs.

13. — Néanmoins je suis loin de penser avoir reconnu et défini avec toute la sagacité possible les règles applicables à cette culture; bien d'autres observations pourront être ajoutées aux miennes, mais j'ai l'entière conviction que les cultivateurs qui entreprendront cette culture, s'ils s'assujétissent exactement à mes prescriptions, ne peuvent manquer d'obtenir de bons résultats. Elle mérite, sous tous les rapports, d'exercer le talent et l'habileté des agriculteurs les plus ingénieux ou les plus soigneux, parce que, bien traitée, il n'est aucune autre culture nourricière qui

nous possédons ou que nous pouvons encore nous procurer.—Aujourd'hui (décembre 1837) M. Robert me fait connaître qu'il possède une batate rose, plus féconde qu'aucune de celles que jusqu'à présent il a cultivées, laquelle provient d'une semence hybridée, récoltée dans le jardin botanique de Toulon.

puisse produire comme celle des batates, dans les contrées qui lui sont tant soit peu favorables par le climat et la nature du sol, une aussi grande abondance de produits excellents.

14. — Ceux des lecteurs qui ne veulent connaître des ouvrages d'agriculture que pour s'en former une idée, pourront improuver mes fréquentes répétitions de plusieurs mots techniques, mais je les prierai d'observer qu'il a bien fallu m'en servir à défaut d'expressions équivalentes assez précises, et que cet inconvénient n'est pas seulement difficile à éviter dans un traité aussi spécial où l'on ne doit rien sacrifier de l'utile pour l'agréable, mais qu'il est encore inhérent au style didactique et descriptif. Je regretterais peu de n'avoir pu échapper à cette difficulté, si j'étais parvenu à faire bien comprendre aux *agriculteurs praticiens* ce que j'avais pris à tâche de leur expliquer aussi clairement que ce sujet le comporte.

15. — Quant à ceux qui, sans s'être jamais appliqués sérieusement et avec suite aux travaux difficiles de la grande et bonne agriculture, et qui n'ont puisé cette partie de leurs connaissances que dans les livres ou pendant leurs délassements champêtres et qui pourtant ne craignent pas de s'ériger en censeurs et en régulateurs, je m'abandonne d'avance à leur critique, qui ne pourrait avoir d'effet que sur les inexperts, ce qui ne peut tirer à d'importantes conséquences.

FIN.

NOTE FINALE.

Ce manuel de culture était destiné à paraître dès 1830, immédiatement après mes essais de grande culture dans les départements du midi, et je n'en aurais pas retardé la publication si, à cette époque, une des sociétés de Paris eût bien voulu m'y aider de son concours qui, alors, était nécessaire, attendu que, jusque là, ce qu'on avait dit de ces plantes et de leur produit avait à peine fixé l'attention d'un trop petit nombre de personnes, hors de l'enceinte de ces sociétés, où ce que j'avais succinctement rapporté de mes essais ne pouvait point les faire assez bien connaître.

En ajournant cette publication à un temps plus opportun, je me proposai quelques nouveaux essais de petite culture, à Paris, soit sur les plantes que long-temps déjà j'avais cultivées sous des latitudes plus méridionales, afin de mieux juger des difficultés que chacune d'elles éprouve ici ; soit aussi pour y cultiver de même plusieurs nouvelles variétés, récemment et successivement parvenues en France, ou reproduites de semences venues d'Amérique, et d'autres semences obtenues dans diverses contrées de la France, afin de reconnaître et indiquer la plus ou moins grande facilité que leur culture présenterait comparativement aux premières.

Il faut noter que ces divers essais n'ont eu lieu qu'en pleine terre, car je ne conçois nullement quelle donnée assez utile on peut obtenir pour la connaissance de ces plantes, en ne les faisant prospérer qu'à l'aide des couches. Ce mode de culture forcée, tel du moins qu'on l'a pratiqué jusqu'à ce jour, ne présente quelque intérêt qu'au jardinier industriel qui vise particulièrement à une reproduction abondante et lucrative.

D'ailleurs n'est-ce pas, en cela, s'écarter du but qu'on se propose? en effet, ce mode de reproduction, loin de tendre à la propagation de cette culture, loin de pourvoir aux moyens d'en assurer la naturalisation, ne tend-il pas, au contraire, à la maintenir, à jamais, dans les étroites limites dont elle n'a pu sortir depuis qu'elle est pratiquée par nous, dans un très petit nombre de localités! Les difficultés que rencontrera toujours ce genre de culture hors de la proximité des grandes villes, ne s'opposent-elles pas seules à ce qu'elle prenne de l'extension? Mais c'est surtout l'infériorité des produits qu'on en obtient qui fait nécessairement que ces tubercules ne sont pas assez appréciés et recherchés.

Les plus friands ne manquent jamais de louer les batates de pleine terre ; ce mets leur semble exquis ; mais au contraire, ils témoignent toujours de l'indifférence pour celles venues sur couche : c'est principalement à cette cause qu'il faut attribuer la difficulté qu'éprouvent les marchands de comestibles, à débiter celles qu'ils présentent à la vue des gourmets, sous l'indication de *batates-d'Amérique,* ce qui ne séduit plus, après la première épreuve.

Il importe donc de modifier cette sorte de culture de manière à rendre ses produits meilleurs, ou plutôt, il faut se hâter d'en propager la culture dans nos contrées les plus méridionales. La Provence et le Languedoc présentent, à elles seules, d'assez grandes étendues de terres très propres aux batates, pour en pourvoir abondamment, non seulement les marchés de la capitale, mais encore les consommateurs de nos autres grandes villes.

Cette entreprise ne pouvait devenir possible qu'au moyen d'un mode de reproduction abondante du plant, en même temps qu'à l'aide de nouveaux moyens d'assurer le prompt enracinement ou la prompte et sûre reprise de ces plants en pleine terre et sur les extensions les plus grandes.

Mais désormais les difficultés disparaissent toutes, et ce qui était tout à fait impraticable devient on ne peut plus facile.

Il est bien vrai aussi, que, jusqu'à présent, les moyens de transport à de telles distances n'étaient pas en rapport avec la valeur intrinsèque de cette denrée, ni avec la célérité qu'elle réclame pour sa conservation pendant la route, mais ce déplacement pourra désormais s'opérer, soit par eau, soit par terre, avec la prestesse et l'économie désirables.

On ignore généralement que plusieurs populations voisines de Malaga s'occupent essentiellement de la culture de quatre seules variétés de batates ; qu'elles en retirent annuellement de grands profits, quoique celle de ces quatre espèces qui y est communément beaucoup plus répandue ne produise que peu, et de petits tubercules comparativement à ceux qu'on obtient, en France, d'autres et non moins bonnes espèces que nous possédons. On s'accorde à rapporter qu'un de ces villages en vend pour 50,000 francs chaque année, et j'ai appris qu'ils en exportaient jusqu'à Hambourg.

Il ne faut, dans nos départements du midi, que cent vingt jours de végétation pour que les variétés de batates les plus exigeantes, acquièrent leur entier développement et une maturité parfaite. Le plant peut toujours être transféré en pleine terre vers le 15 avril, et les boutures stolonifères dès le 1er mai. Communément, les fortes chaleurs s'y maintiennent jusqu'au 20 septembre que s'annoncent les pluies équinoxiales : c'est donc au moins cent cinquante jours de la meilleure végétation dont on peut y faire jouir ces plantes ; ce qui donne la facilité de transférer du plant ou d'en planter pendant environ trente jours, à partir de la mi-avril.

Ma propre expérience me donne la profonde conviction que ceux des cultivateurs du Var, des Bouches-du-Rhône, du Gard, des Pyrénées-Orientales, des Landes, de la Gironde et de quinze autres départements, immédiatement au nord de ces premiers, qui établiront cette culture pour lui donner progressivement l'extension nécessaire, à mesure que s'étendra la consommation du produit, en retireront de grands avantages.

Il suffit de la bien entendre, de la bien préparer, et de la traiter comme je l'indique.

Il me reste à signaler ici les nouvelles variétés de plantes qui ont été l'objet des derniers essais dont je me suis occupé, et à dire les observations qu'elles m'ont donné lieu de faire.

La batate-igname commune, telle qu'elle nous est parvenue de la Guadeloupe, en 1833, m'a donné lieu de reconnaître cette année, dont les saisons ont été telles ici, qu'en un quart de siècle on n'en rencontre point d'aussi contraires aux plantes tropicales, qu'elle a beaucoup mieux résisté que la rouge-d'Amérique à la très basse température de notre entier printemps et d'une partie de l'été. Ses tubercules se sont mieux formés, et étaient plus volumineux ; et elle est de toutes les variétés que, jusqu'à présent, on ait cultivées à Paris, celle qui s'accommode mieux de notre climat sous cette latitude.

Une plante provenue de graine de la précédente, et obtenue à Paris, en 1836, par les soins habiles de M. de Sageret, dont la végétation extérieure a été admirablement belle, n'a pas répondu aux apparences non plus qu'à mon attente, le produit souterrain étant peu satisfaisant. Nonobstant les inductions qu'on pourrait tirer de ce premier résultat, je ne crois pas qu'on doive en rien conclure définitivement, mais qu'il faut attendre que cette plante ait été soumise à une seconde culture, par le moyen des boutures enracinées que j'ai mises en réserve. Si leur produit était de nouveau très inférieur à celui de l'espèce-mère, peut-être jugerait-on, quoique à regret, qu'il n'y a que peu à en espérer : mais si elle devient plus productive à la deuxième année, il serait espérable de la voir, de plus en plus, mieux fructifier par la suite. En ce cas, on pourrait croire que ces plantes venues de semence auraient besoin, comme les jeunes arbres les plus vigoureux, d'assez de temps pour devenir fécondes. Il était bien naturel d'espérer qu'une nouvelle plante provenant de graine venue sous les influences de notre ciel, et sous une latitude si reculée, y serait, tout d'abord, aussi productive sous le même ciel, qu'aucune autre, ou du moins que la variété dont elle provient. Enfin, si cet espoir n'était pas justifié par des essais successifs, faits en saisons moins défavorables, peut-être faudrait-il en inférer, comme je l'ai dit précédemment, que pour obtenir des plantes mieux acclimatées, il ne suffit pas qu'elles soient reproduites de semences récoltées à l'aide de la chaleur artificielle souterraine, mais que ces semences doivent être obtenues plus naturellement sur un point assez méridional pour cet effet; ou bien avoir, par de nombreux semis, le moyen de choisir, parmi les plantes ainsi reproduites, celles qui présentent mieux les propriétés que l'on recherche.

Une plante à courts traînants, venue de graine récoltée en Amérique, semée en mars dernier, a levé le neuvième jour; elle n'a eu toujours qu'une végétation lente; une partie de ses feuilles se sont panachées, et elle n'a pu être transférée en pleine terre qu'au commencement de juillet, et n'a non plus produit que de rares et petits tubercules, mais du blanc le plus pur; j'en ai aussi réservé des boutures enracinées pour les soumettre à un nouvel essai en 1838.

La grosse-mignonne ne s'accommode pas assez de la basse température des départements du centre. Je vais de nouveau la livrer exclusivement à la culture dans ceux du midi.

La batate violette, que je ne puis autrement désigner, ne connaissant pas sa provenance, est stolonifère; la saison était trop avancée lorsque j'en ai obtenu une seule bouture, pour pouvoir utilement la passer en pleine terre, et pour en obtenir le produit. Je sais cependant qu'un jardinier-fleuriste de Paris, M. Gontier, l'a cultivée sur couche sourde, et que son produit lui a paru assez satisfaisant. Il me semble, suivant quelques remarques que j'ai faites, qu'on pourrait, également que de la batate-igname commune, en obtenir un bon produit en pleine terre.

Enfin il me reste aussi *trois autres jolies plantes* en pots, provenant de graines d'Amérique, semées beaucoup plus tard que celle ci-dessus, mais qui n'ont pu acquérir cette année leur entier développement. Je me propose d'en détacher des boutures au prochain printemps et, après leur enracinement, de les transférer en pleine terre pour connaître le résultat qu'on peut attendre de la culture de chacune de ces trois nouvelles plantes.

Malgré les faibles produits obtenus cette année, dont la température si extraordinairement insuffisante a été la cause, je ne crois pas moins possible de faire prospérer, sans le secours des couches de litière, en saisons communément favorables, plusieurs variétés de batates que déjà nous possédons, non seulement dans nos départements du midi et du sud-ouest, mais aussi dans beaucoup de localités le plus heureusement situées des départements du centre.

Ce qui me semble très utile, au point où l'on est parvenu pour la naturalisation en France de ces plantes, c'est de s'occuper des moyens les plus propres à les faire fleurir et fructifier; leur reproduction par semis devant finir bientôt par nous donner de nouvelles et nombreuses variétés, qui de plus en plus s'accommoderont mieux et de la brève durée de nos étés, et de la variabilité de température de notre climat. Mais cette culture, dirigée dans ce but, exigera de la part des personnes qui s'y livreront, des soins assujétissants et une application presque continuelle à l'étude de ces plantes, soit pour leur éducation, soit pour leur meilleure conservation pendant la morte saison, soit enfin pour hâter le plus possible leur végétation depuis leur sortie de la serre jusqu'au retour des chaleurs, pour que la floraison coïncide avec les journées les plus favorables à une végétation assez laborieuse de ces plantes.

Il est bien regrettable que M. de Sageret ne puisse continuer ses essais en ce genre sous une latitude moins reculée; néanmoins je crois qu'on peut attendre de sa grande expérience et de ses soins habiles d'heureux résultats.

Nos espérances s'accroîtraient d'autant plus si plusieurs de nos botanistes horticulteurs les plus habiles, tels que les Soulange-Bodin, les Celtz et autres, voulaient prendre cette tâche, malgré les soins minutieux et attentifs qu'elle comporte.

Au midi et dans la localité la plus heureusement située, elle est remplie avec le plus grand zèle par un jardinier-botaniste, M. Robert, dont les succès par lui obtenus en font espérer de beaucoup plus remarquables pour l'avenir, ce qui ne laisse que bien peu à désirer de ce côté.

NOTA. Les personnes qui entreprendront de renouveler des essais sur la culture en grand de ces plantes, et qui désireraient se pourvoir de ceux des ustensiles désignés dans ce manuel et plus particulièrement le grand cylindre à planter et à déplanter ; le petit cylindre à planter les boutures en pleine terre, et les deux moules en bois pour former les cornets, les pourront obtenir de M. Verry fils, marchand d'outils et instruments aratoires, galerie de fer, boulevard des Italiens, n. 19.

Et celles qui désireraient se pourvoir des tubercules ou des plants des meilleures espèces, pourront les trouver à Toulon, où M. Robert, directeur du jardin botanique, toujours disposé à tout ce qui peut contribuer au succès et à la prospérité de notre agriculture, se ferait un plaisir de les en pourvoir. — Ou bien à M. Vilmorin, à Paris, et à M. Gontier, jardinier-fleuriste, barrière du Maine.

TABLE.

Avertissement. I

ARTICLE PREMIER.

Description de l'espèce d'ipomée-batate dénommée grosse-blanche, une de celles qui forment le sujet de cet ouvrage, avec des annotations météorologiques, tenues durant la fleuraison. 17

ARTICLE II.

Du choix des terres les plus propres à la culture des ipomées-batates, et de quelques-unes des conditions nécessaires pour les faire prospérer. 24

ARTICLE III.

Des amendements et des engrais que réclame, en général, la culture de ces plantes, selon les espèces de terres et les expositions. — Du mode de préparation des engrais.—Des véritables racines de l'ipomée-batate.— Et d'un mode d'enfouissement au moyen duquel la terre est rendue également fertile dans toutes ses parties. 27

ARTICLE IV.

De l'ipomée-batate comparée à d'autres plantes des régions méridionales, relativement à la plus ou moins grande facilité qu'elles présentent pour leur culture et pour la préparation des plantes, dans les contrées tempérées. — Du nombre de plants qu'on peut obtenir d'un petit tubercule, bien cultivé. — En quoi consiste la meilleure bouture. — Et un extrait du *Traité des Antilles*, par le Père du Tertre; suivi de quelques réflexions sur ce qu'il nous fait connaître. 33

ARTICLE V.

De la composition et préparation des terreaux les plus propres à couvrir les couches, pour la plantation des tubercules destinés à la reproduction du plant, et à la translation des plants et des plantules en pleine terre; —et des préparatifs nécessaires pour la formation du plant. 41

ARTICLE VI.

Des dimensions et de la construction de la bache à vitraux, destinée à l'éducation des mères-plantes. — Et de l'acception à donner au mot *climature*. 45

ARTICLE VII.

Des considérations d'après lesquelles on doit déterminer l'époque de la plantation en bache des tubercules pour la reproduction des plants. — Des moyens d'y prévenir leur décomposition; — de ceux qui peuvent hâter leur végétation, et faire prospérer les mères-plantes. 49

ARTICLE VIII.

De la manière de dresser la couche de la bache. — Des soins amplement expliqués que réclame la plantation sur couche et sous vitraux, dont il est parlé à l'article précédent, à partir du jour de cette plantation, jusqu'à celui de la translation des mères-plantes stolonifères sur couche sourde; et si ce sont des plantes à courts traînants, jusqu'au moment d'en détacher les drageons, pour la multiplication du plant de ces espèces — De la plantation en cornet de ces plants. — Enfin, et du nombre de plants à obtenir, en temps utile, d'un seul et petit tubercule de chacune des espèces de ces deux classes. 51

ARTICLE IX.

De la formation de la couche sourde, et de ses dimensions. — Des préparatifs à y faire avant d'y transférer les plantes stolonifères à leur sortie de la bache. — Des distances à ménager entre ces plantes, selon les espèces. — Et des nouveaux soins à leur y donner, jusqu'à leur dépouillement. 59

ARTICLE X.

Des motifs qui nécessitent la classification des diverses espèces d'ipomées-batates. — Du dépouillement des mères-plantes à courts traînants ou de deuxième classe, et, immédiatement après, de la transplantation de leurs tubercules. — De la plantation en cornets des drageons qu'on en a détachés. — Des motifs qui rendent indispensable le mode de multiplication indiqué du plant de cette classe. — Et de la matière de détacher et sortir de la couche les cornets après la reprise des plants. 65

ARTICLE XI.

De la manière d'opérer la section des stolones des espèces de la première classe, pour donner aux boutures la forme et les qualités désirables. — Des avantages que présente ce mode de multiplication du plant. — De ces mêmes avantages, comparés à ceux que présente la multiplication par drageons. — De la possibilité d'employer aussi ce dernier mode de multiplication pour les espèces stolonifères, mais seulement dans la petite culture. — Enfin, et de la confection des cornets, des ustensiles qu'elle exige, et de la manière d'en faire usage. 72

ARTICLE XII.

De quelques indices qui rendent probable le prochain retour du temps chaud, pour confier à la pleine terre, selon la latitude, la climature ou la position topographique, les plantes élevées sur couche. — Des températures souterraine et atmosphérique, nécessaires pour la végétation de ces plantes. — Et de plusieurs observations qui se rattachent à ces données principales. 79

ARTICLE XIII.

De la division de la terre à planter par ares carrés et de chaque are par planches, avant d'y ouvrir les trous destinés à recevoir les plantules enracinées sur couche et sous vitraux. — Et des espaces à ménager entre ces plantes, selon les espèces. 82

ARTICLE XIV.

De l'ouverture des trous, en pleine terre, au moment d'y transférer le plant enraciné sur couche. — De la manière d'y transférer ces plantules emmottées. — Et de quelques avis sur cette opération. 86

ARTICLE XV.

De la plantation en pleine terre immédiatement, dite *plantation à-godets*, par boutures stolonifères à deux nœuds. — Des principes démontrés, d'après lesquels on a déterminé la forme donnée à cette bouture, et ce mode de planter, expliqué d'après les mêmes principes. — Et de la végétation progressive et accélérée de cette bouture, pour parvenir à l'état de plante organisée. 89

ARTICLE XVI.

Du dépècement des mères-plantes stolonifères, après en avoir retiré les stolones propres à fournir les meilleures boutures à deux articulations. 97

ARTICLE XVII.

Des moyens d'économiser les terreaux, la main-d'œuvre, le temps et les soins, dans une grande plantation. 99

ARTICLE XVIII.

Du sarclage. — Du placement des rames. — Du rechaussement des plantes. — Et d'un mode de fumure supplétive du terreau. 101

ARTICLE XIX.

Du besoin démontré de ramer un ou plusieurs stolones des espèces à longs traînants, et du moment où ils doivent être portés sur les rames. — De l'effanage tel qu'il est pratiqué dans les régions tropicales, et des modifications à y apporter dans les climats tempérés, pour en obtenir l'utilité désirable. 105

ARTICLE XX.

Des plantations arrosables par irrigation. 112

ARTICLE XXI.

Des signes de maturité des tubercules, selon les climats; et dans les contrées tempérées, selon les espèces cultivées, la nature de la terre et son exposition. 115

ARTICLE XXII.

De la récolte.—Des observations qui doivent en déterminer l'époque — Des soins qu'exigent le déterrement des tubercules et leur classement — De l'emploi à donner aux plus petits et derniers formés, ainsi que de ceux endommagés et mutilés. 119

ARTICLE XXIII.

De la conservation des tubercules, après récolte. 122

ARTICLE XXIV.

Des diverses manières de faire cuire les batates. 126

ARTICLE XXV.

De la floraison. 129

Conclusions 137

Note finale. 145

FIN DE LA TABLE.

TABLE DES FIGURES.

PLANCHE *A*.

Numéros des figures.	DÉTAILS.	Espèces où variétés de plantes.
1, 2 et 3.	Feuilles primaire, secondaire et tertiaire, réduites.	Grosse-blanche.
4.	Tige et feuilles.	*id.*
5.	Groupe de tubercules adhérents au collet de la plante, réduit.	*id.*
6.	Le plus volumineux de ces six tubercules, un peu réduit.	*id.*
7.	Pied d'une plante ramée, après récolte.	*id.*
8.	Pédoncule floral, au moment de l'éclosion des fleurs.	*id.*
9.	Fascicule ou ombelle.	*id.*
10.	Boutons imitant une griffe de renoncule renversée.	*id.*
11.	Fleur ouverte tardivement, imparfaitement développée.	*id.*
12.	Pistil bifide, un peu plus grand que nature.	*id.*
13.	Parties d'une fleur avortée et desséchée sur pied.	*id.*
14.	Tubercule varié dans sa couleur : rose éclatant et blanc pur.	Rouge-d'Am.
15.	Tubercule à teinte café au lait, provenant de la même plante que le précédent.	*id.*
16.	Emporte-pièce aciéré, pour ouvrir les trous sur le papier à cornet.	*id.*
17.	Outil tranchant servant à tailler les stolones posés sur un morceau bombé de gomme élastique.	*id.*

PLANCHE *B*.

Numéros des figures.	DÉTAILS.	Espèces où variétés de plantes.
18, 19 et 20.	Feuilles primordiales primaire, secondaire et tertiaire, grandeur naturelle.	Grosse-blanche.
21.	Pédoncule floral, après la chute de la corolle.	*id.*
22.	Bouture à deux articulations ou nœuds, prête à être plantée.	*id.*
23.	Tige superfaite et bifurquée, et ses feuilles.	Rouge-d'Am.
24	Bouture à deux nœuds, prête à être plantée.	*id.*
25.	Autre bouture à deux nœuds, triplement enracinée, après huit jours de plantation en cornet.	*id.*
26	Bouture à crossette, non enracinée, prête à être plantée.	*id.*
27.	Autre bouture à crossette, enracinée spontanément, sur la couche sourde.	*id.*

Numéros des figures.	DÉTAILS.	Espèces ou variétés de plantes.
28.	Bouture à deux nœuds, imparfaitement formée, prise à l'extrémité d'un stolone.	Rouge-d'Am.
29.	Plant-drageon, détaché du tubercule, prêt à être planté en cornet, sur couche, pour y parfaire son enracinement.	Jaune-des-Indes
30.	Extrémité d'un stolone et ses feuilles.	Rose-Robert.
31.	Extrémité d'un court-traînant et ses feuilles.	Jaune-Malaga.
32.	Moule conique, par la réunion des quatre parties qui le composent.	*id.*
33.	Le même recouvert du cornet de papier, dont le fond est formé au-dessous.	*id.*
34.	Base de ce moule, indiquant la forme de chacune des quatre pièces dont il se compose.	*id.*
35.	Tarière, servant à ouvrir les trous cylindriques destinés à recevoir le plant emmotté, après enracinement sur couche (réduite).	*id.*

PLANCHE *C.*

Numéros des figures.	DÉTAILS.	Espèces ou variétés de plantes.
36.	Tubercule excessivement alongé, de demi-longueur et volume.	Grosse-blanche.
1, 2, 3, 37.	Trois feuilles terminales, cueillies au moment de la récolte, grandeur naturelle.	*id.*
38.	Extrémité d'un traînant et ses feuilles.	Batate-iname.
39.	Sproussoir servant aux premiers arrosages, moitié grandeur.	*id.*
40.	Déplantoir et plantoir, cylindre en laiton ou en cuivre, servant à ouvrir les trous sur la couche sourde et à y transférer les mères-plantes stolonifères.	*id.*
41.	Sa truelle, à passer sous son fond.	*id.*
42.	Petit pot de terre ou vaset, avec plant stolonifère, après enracinement.	*id.*
43.	La feuille de papier à cornet, prête à être collée par ses bords latéraux, sur le rouleau conique en bois.	*id.*
44.	Rouleau conique en bois.	*id.*
45.	Petit cylindre en cuivre, destiné à ouvrir les trous en pleine terre, pour la plantation en pleine terre immédiatement, des boutures stolonifères : grandeur, deux tiers.	*id.*
46.	Godet en terre cuite, destiné à abriter les boutures stolonifères, plantées immédiatement en pleine terre, grandeur voulue.	*id.*

www.ingramcontent.com/pod-product-compliance
Ingram Content Group UK Ltd.
Pitfield, Milton Keynes, MK11 3LW, UK
UKHW020253250726
13967UKWH00004B/1653

9 782013 481564